AI短视频创作与剪辑
从入门到实践(微视频版)

李莹 宋岩峰 王嘉熠 编著

清华大学出版社

北京

内容简介

本书是一本帮助短视频创作者快速、系统地掌握 AI 短视频创作与剪辑的实用工具书。本书共分 12 章，循序渐进地介绍了使用各种视频制作工具创作与剪辑 AI 短视频的操作技巧，涵盖了使用 AI 创作文案内容、使用文案生成视频、使用 AI 绘画生成视频素材、使用图片生成视频、使用 AI 制作音乐与语言、使用视频生成视频、使用腾讯智影 AI 创作短视频、使用一帧秒创 AI 创作短视频、使用 Premiere AI 剪辑视频、使用剪映 App 剪辑视频、制作 AI 口播短视频，以及制作 AI 广告短视频等内容。

本书全彩印刷，案例精彩实用。书中案例操作教学视频可供读者随时扫码学习，此外本书提供案例配套的素材文件。本书具有很强的实用性和可操作性，是 AI 短视频创作爱好者以及希望进一步提高短视频剪辑技术的读者的首选参考书，也可作为短视频和新媒体传播实践工作者的学习用书。

本书对应的配套资源可以到 http://www.tupwk.com.cn/downpage 网站下载，也可以通过扫描前言中的二维码下载。扫描正文中的视频二维码可以直接观看教学视频。

图书在版编目(CIP)数据

AI短视频创作与剪辑从入门到实践：微视频版 / 李莹，宋岩峰，王嘉熠编著. -- 北京：清华大学出版社，2024. 9.
ISBN 978-7-302-66958-6

Ⅰ. TN948.4-39

中国国家版本馆CIP数据核字第2024ZU5216号

责任编辑：胡辰浩
封面设计：高娟妮
版式设计：妙思品位
责任校对：孔祥亮
责任印制：沈　露

出版发行：清华大学出版社
　　网　　址：https://www.tup.com.cn，https://www.wqxuetang.com
　　地　　址：北京清华大学学研大厦A座　　　邮　　编：100084
　　社 总 机：010-83470000　　　　　　　　邮　　购：010-62786544
　　投稿与读者服务：010-62776969，c-service@tup.tsinghua.edu.cn
　　质 量 反 馈：010-62772015，zhiliang@tup.tsinghua.edu.cn
印 装 者：三河市龙大印装有限公司
经　　销：全国新华书店
开　　本：148mm×210mm　　　印　　张：7.375　　　字　　数：357千字
版　　次：2024年10月第1版　　　印　　次：2024年10月第1次印刷
定　　价：89.00元

产品编号：106592-01

前言

在这个数字信息爆炸的时代，人工智能(Artificial Intelligence，AI)不仅彻底改变了我们工作的方式，也新开了我们获取知识和娱乐的渠道。AI短视频，作为新兴的知识传播方式和娱乐方式，正迅速成为人们获取信息的重要途径。因此，编写一本关于如何制作AI短视频的书籍，不仅是对AI技术的记录，更是对教育方式未来形态的一种探索。

面对未来，我们有理由相信，AI短视频将以其独特的魅力，成为人类文化交流和知识传播的重要力量。随着AI技术的进一步发展，我们对于知识的获取和分享方式将会有更加丰富和多样的选择。

本书合理安排知识结构，从AI短视频的概念出发，以AI创作文案为第一步，详细探讨AI短视频制作的各个阶段，包括文案策划、图片制作、图文转视频，以及如何利用AI工具剪辑和优化视频等内容。书中内容凝结着教育者的经验和实际应用者的体会，希望能够为广大读者提供一条快速掌握AI短视频创作与剪辑技术的有效途径。

本书全彩印刷，案例精彩实用。书中案例操作教学视频可供读者随时扫码学习。此外本书提供案例配套的素材文件，读者可以扫描下方的二维码或通过登录本书信息支持网站(http://www.tupwk.com.cn/downpage)下载相关资料。

本书分为12章，由哈尔滨石油学院的李莹、哈尔滨师范大学的宋岩峰和王嘉熠合作编写完成，其中李莹编写了第1、3、5、10章，宋岩峰编写了第2、4、6、7章，王嘉熠编写了第8、9、11、12章。由于作者水平有限，本书难免有不足之处，欢迎广大读者批评指正。我们的邮箱是992116@qq.com，电话是010-62796045。

扫码推送配套资源到邮箱

编者
2024年5月

第 1 章　使用 AI 创作文案内容

1.1　了解 AI 短视频 ························ 2

　1.1.1　短视频的定义和特点 ············ 2

　1.1.2　AIGC 的意义 ······················ 3

　1.1.3　AI 短视频工具 ···················· 4

1.2　AI 文案相关理论 ···················· 4

　1.2.1　脚本文案的作用和类型 ········· 4

　1.2.2　AI 文案的特点 ···················· 5

　1.2.3　AI 文案的生成步骤 ·············· 5

1.3　使用 ChatGPT 生成文案 ··········· 6

　1.3.1　集成 ChatGPT 的平台 ··········· 6

　1.3.2　ChatGPT 基础用法 ·············· 7

　1.3.3　使用 ChatGPT 获取主题 ······· 10

　1.3.4　使用 ChatGPT 生成脚本 ······· 13

　1.3.5　使用 ChatGPT 生成分镜头
　　　　脚本 ····························· 14

　1.3.6　使用 ChatGPT 撰写标题 ······· 16

1.4　使用其他 AI 工具生成文案 ········· 17

　1.4.1　使用文心一言生成 vlog 脚本 ··· 17

　1.4.2　使用写作猫生成广告语 ········· 20

第 2 章　使用文案生成视频

2.1　使用剪映专业版 AI 文案生成视频 ··· 22

　2.1.1　使用 ChatGPT 生成文案 ·······22

　2.1.2　使用"图文成片"功能生成
　　　　视频 ····························· 23

**2.2　使用腾讯智影 AI 创作文案及
生成视频** ····························· 28

　2.2.1　创作 AI 文案 ····················· 28

2.2.2 使用"文章转视频"功能
生成视频 ·················· 30

2.2.3 替换视频素材 ·············· 32

2.3 使用一帧秒创 AI 生成文案及视频 ···· 34

2.3.1 使用"AI 帮写"功能生成文案··· 34

2.3.2 选取文案生成视频 ············ 36

2.3.3 使用 AI 编辑视频············ 39

第 3 章 使用 AI 绘画生成视频素材

3.1 AI 绘画基础理论知识 ············· 42

3.1.1 AI 绘画的原理 ············· 42

3.1.2 AI 绘画的应用 ············· 44

3.2 文心一格 AI 绘画 ············· 47

3.2.1 选择画面类型 ············· 47

3.2.2 选择画面比例和数量 ············· 48

3.2.3 使用【自定义】模式 ············· 48

3.2.4 使用"上传参考图"功能
由图生图 ············· 49

3.2.5 使用"图片叠加"功能
混合生图 ············· 51

3.2.6 使用"人物动作识别再创作"
功能 ············· 52

3.3 Midjourney AI 绘画 ············· 54

3.3.1 Midjourney 操作简介 ············· 54

3.3.2 提示词的基本结构及常用
后缀参数 ············· 57

3.4 Stable Diffusion AI 绘画 ············· 58

3.4.1 本地配置和启动 ············· 58

3.4.2 使用文生图 ············· 60

3.4.3 使用图生图 ⋯⋯⋯⋯⋯⋯ 64

第 4 章 使用图片生成视频

4.1 使用剪映专业版生成视频 ⋯⋯⋯⋯ 68

4.1.1 使用"图文成片"功能生成
视频 ⋯⋯⋯⋯⋯⋯⋯⋯⋯ 68

4.1.2 使用模板生成视频 ⋯⋯⋯⋯ 70

4.2 使用度加创作工具生成视频 ⋯⋯⋯ 73

4.3 使用剪映 App 生成视频 ⋯⋯⋯⋯ 75

4.3.1 使用"一键成片"功能
生成视频 ⋯⋯⋯⋯⋯⋯⋯ 75

4.3.2 使用"剪同款"功能
生成视频 ⋯⋯⋯⋯⋯⋯⋯ 77

4.4 使用快影 App 生成视频 ⋯⋯⋯⋯ 79

4.4.1 使用"一键出片"功能
生成视频 ⋯⋯⋯⋯⋯⋯⋯ 79

4.4.2 使用"AI 玩法"功能
生成视频 ⋯⋯⋯⋯⋯⋯⋯ 81

4.5 使用必剪 App 生成视频 ⋯⋯⋯⋯ 83

4.5.1 套用模板生成视频 ⋯⋯⋯⋯ 83

4.5.2 使用"一键大片"功能
生成视频 ⋯⋯⋯⋯⋯⋯⋯ 85

第 5 章 使用 AI 制作音乐与语音

5.1 生成背景音乐 ⋯⋯⋯⋯⋯⋯⋯⋯ 88

5.1.1 使用剪映 App 生成背景音乐⋯ 88

5.1.2 使用快影 App 的"音乐 MV"
功能 ⋯⋯⋯⋯⋯⋯⋯⋯⋯ 90

5.1.3 使用 ecrett music 生成
原创音乐 ·················· 93

5.2 编辑视频中的音频 ················ 94

5.2.1 添加音效 ·················· 94

5.2.2 调节音量 ·················· 95

5.2.3 音频淡入淡出处理 ········· 96

5.2.4 音乐自动踩点 ············· 99

5.3 生成拟人语音 ·················· 106

5.3.1 使用魔音工坊生成语音 ········ 106

5.3.2 使用剪映专业版 AI 配音 ······· 108

第 6 章　使用视频生成视频

6.1 使用剪映专业版制作同款视频 ········· 112

6.1.1 使用视频模板 ············· 112

6.1.2 使用素材包完善视频 ········· 115

6.2 使用美图秀秀 App 生成视频 ··········· 120

6.2.1 使用"一键大片"功能
生成视频 ················· 121

6.2.2 使用"视频配方"功能
生成视频 ················· 123

6.3 使用快影 App 生成视频 ············ 125

6.3.1 使用"一键出片"功能
生成视频 ················· 125

6.3.2 使用"剪同款"功能
生成视频 ················· 127

第 7 章　使用腾讯智影 AI 创作短视频

7.1 使用 AI 绘画和 AI 配音 ··············· 130

7.1.1 使用 AI 绘画生成图片 ············· 130

7.1.2 AI 文本配音·······················132

7.1.3 制作简介视频·················134

7.2 腾讯影音的智能化功能············139

7.2.1 使用"智能抹除"功能
去除字幕·······················139

7.2.2 使用"智能转比例"功能
更改视频比例···············141

7.2.3 使用"视频解说"功能
生成解说类视频···········144

第 8 章 使用一帧秒创 AI 创作短视频

8.1 AI 创作生成视频素材···············150

8.1.1 使用"文字转视频"功能·····150

8.1.2 使用"AI 作画"功能···········152

8.1.3 使用"AI 视频"功能···········155

8.2 一帧秒创的智能化功能···············157

8.2.1 使用"文字转语音"功能
生成配音·······················157

8.2.2 使用"链接转视频"功能
生成视频·······················161

第 9 章 使用 Premiere AI 剪辑视频

9.1 使用"场景编辑检测"功能剪辑视频···166

9.1.1 根据场景自动分段·········166

9.1.2 重新合成新视频···········170

9.2 Premiere 的智能化功能·············172

9.2.1 使用自动调色功能·········172

9.2.2 语音自动识别生成字幕·········174

第 10 章　使用剪映 App 剪辑视频

10.1　基础剪辑处理技巧·····························178

　　10.1.1　分割剪辑视频······················178

　　10.1.2　变速处理视频······················180

　　10.1.3　调节视频色调······················182

　　10.1.4　语音自动识别为字幕········186

10.2　制作酷炫特效·······························190

　　10.2.1　添加特效··························190

　　10.2.2　使用视频转场··················193

第 11 章　制作 AI 口播短视频

11.1　制作 AI 文案和虚拟数字人·············198

　　11.1.1　使用 ChatGPT 生成口播

　　　　　　文案·····························198

　　11.1.2　使用腾讯智影生成数字人

　　　　　　素材·····························199

11.2　使用剪映专业版剪辑口播视频········204

　　11.2.1　使用"图文成片"功能

　　　　　　生成背景素材··················204

　　11.2.2　抠图数字人······················208

　　11.2.3　剪辑完善视频··················211

第 12 章　制作 AI 广告短视频

12.1　使用 ChatGPT 生成文案·················214

12.2　使用一帧秒创生成广告视频············215

12.3　使用剪映 App 剪辑广告视频··········220

　　12.3.1　添加特效··························220

　　12.3.2　添加片头片尾··················223

第1章

使用 AI 创作文案内容

　　脚本文案的创作是制作短视频的起点。由于有AI工具的帮助，短视频的创作者能以更加轻松的方式提高文案创作的效率。本章将介绍使用AI工具创作短视频文案内容的技巧。

1.1 了解 AI 短视频

短视频是一种新兴的媒体形式，人工智能(AI)丰富了短视频的创作形式并加快了其创作效率。创作者需要了解短视频的定义和特点，才能更精准地把握创作要求，从而提高作品的传播力和影响力。

1.1.1 短视频的定义和特点

短视频一般是指在互联网新媒体上传播的、时长在10秒至5分钟的视频。短视频内容的主题类型非常广泛，如搞笑片段、歌舞表演、饮食介绍、宠物视频、生活技巧、时事新闻等，如图1-1所示。

图 1-1

短视频的兴起与社交媒体和智能手机的普及密切相关。用户通过手机应用程序或社交媒体平台上传、分享和观看短视频。一些短视频平台的手机应用程序还提供易用的短视频编辑工具，方便用户在平台上直接创作自己的作品。

短视频平台通常通过推荐算法为用户提供个性化的内容，根据用户的兴趣和喜好呈现相关的短视频。这些平台还提供互动功能，如点赞、评论和分享。短视频在当今的社交媒体和互联网文化中扮演着重要的角色，已经成为人们日常生活中不可或缺的一种娱乐方式和信息获取渠道。

与电影、电视剧、网剧等长视频媒体形式相比，短视频主要具有以下几个特点。

🍃 时间短，易消化：短视频的时长较短，适合快节奏的生活方式。用户可以在几秒钟或几分钟内迅速获取信息或娱乐内容，不需要花费过多的时间和精力。

🍃 创意表达能力强：由于时长限制，短视频的表达方式应精练和简洁。创作者必须在有限的时间内展现创意，综合运用视觉效果、剪辑技巧、音乐搭配等多种手段吸引受众。

🍒 **传播速度快**：短视频内容在社交媒体和即时通信应用程序上分享和传播，用户可以通过简单的操作将短视频发送给朋友或家人，从而迅速扩大内容的传播范围。

🍒 **社交互动多**：短视频平台通常提供点赞、评论和分享等社交互动功能，这增强了用户之间的交流，在创作者与受众之间建立起联系和反馈的渠道。

🍒 **内容多样化**：短视频内容的主题类型多样化，能够适应不同用户群体的喜好和需求。

🍒 **创作门槛低**：相比于传统的长篇视频创作，短视频的创作门槛较低。用户不需要购买昂贵的设备或精通专业的摄影和剪辑技术，使用智能手机和简单的视频编辑工具就能轻松地创建短视频。

1.1.2 AIGC的意义

AIGC是英文Artificial Intelligence Generated Content的缩写，也就是人工智能生成内容。简单地说，就是通过一些提示词来生成文字内容、图片、视频、动画、代码等。人工智能发展到现在，已经出现了"涌现"能力，AIGC就是利用人工智能的"涌现"能力，通过一些简单的"提示词"来让人工智能去想象、推理、分析，最终"涌现"内容。

AIGC的意义在于大大加强了文字内容、图片内容、视频内容、动漫内容的生产力，提高了内容生产效率。所以，未来大量优质的内容都将通过人工智能来生产或辅助生产。

1. AIGC的关键技术

AIGC的关键技术主要包括大语言模型、提示词、上下文及AI代理等几方面。

🍒 **大语言模型(LLM)**：大语言模型(Large Language Model，LLM)，简称大模型，是AIGC的基础。人工智能的涌现能力就来源于大语言模型。根据用途的不同，大模型可以分为文本类、图片类、视频类等。文本类大模型主要用来实现对话(Chatbot)、文本生成、代码生成，其中著名的有GPT、PaLM、Llama、文心等。图片类大模型是用来生成图片的大模型，主要包括Midjourney、Stable Diffusion、DALL.3等。视频类大模型是用来生成视频的大模型，主要包括Stable Video Diffusion、Gen-2等。

🍒 **提示词(prompt)**：和大模型的交互方式就是使用提示词。聊天、生成文本、生成图像、生成视频等功能都是用提示词和大模型交互实现的。和人工智能交互时使用的自然语言就是提示词。

🍒 **上下文(context)**：大模型是可以根据一定长度的上下文来理解提示词的。各个大模型对上下文长度限制也是不同的，一般上下文长度越长，对提示词的理解越接近提出这个提示词的人的想法。

🍒 **AI代理(AI Agent)**：AI代理就是首先给大模型定义一个角色，然后让这个角色完成用户指定的任务。比如让GPT写一篇关于同一个主题、使用同一个标题的短篇小说，用户不定义角色、给GPT定义角色"托尔斯泰"和给GPT定义角色"海明威"，这三种情况的结果会有很大差别。

2. AIGC的应用方向

AIGC的应用方向主要包括：对话类应用(Chatbot)、文字内容生成(Text Generate)、图片内容生成(AI Image)、视频生成(AI Video)、动漫生成(AI Anime)、代码生成(AI Code)等。

AIGC时代的核心就是大模型，不断提升大模型的能力，将是大模型厂商努力的方向。AIGC应用厂商一方面面向用户的需求，另一方面面向大模型的能力，需要在两方面寻找最合适的应用点、增长点和盈利点。随着AIGC应用的大量出现，对AIGC应用的分发需求也将越来越多。AIGC应用大多构建在Web上，所以，Web的开放性引起分发厂商的大量出现。

1.1.3　AI 短视频工具

剪辑AI短视频的工具通常是一种使用深度学习(Deep Learning, DL)、机器学习(Machine Learning, ML)和计算机视觉(Computer Vision, CV)算法来增强内容的应用程序，它们可以对视频进行分析并实时编辑。

按类型划分，AI短视频的剪辑工具主要分为以下三类。

🍃 基于云计算的剪辑工具：用户可以将源视频文件素材(包括文字、图片、视频等)上传到云服务，然后在浏览器中编辑它们。常见的工具如ChatGPT、腾讯智影、一帧秒创、Midjourney等。

🍃 移动视频剪辑工具：常被用于在手机或平板电脑上剪辑视频。它们可以是独立的应用程序，也可以作为应用程序功能的一部分嵌入。常见的工具如剪映App、快影App等。

🍃 电脑端视频剪辑工具：即安装在电脑上的软件程序，处理能力比移动设备更强，因此它的AI视频剪辑功能更突出。常见的工具如剪映PC版、Stable Diffusion等。

1.2　AI 文案相关理论

AI短视频的生成并不是完全自动的，在生成AI短视频的过程中，仍需要人工参与和指导。脚本文案是AI短视频生成的基础，对于短视频剧情的发展与走向有着决定性的作用。

1.2.1　脚本文案的作用和类型

脚本是工作人员拍摄和剪辑短视频的主要依据，其内容涉及统筹安排短视频拍摄过程中的所有事项，如什么时候拍、用什么设备拍、拍什么背景、拍谁、怎么拍等。

短视频的脚本文案主要用于指导所有参与短视频创作的工作人员的行为和动作，以便提高工作效率，保证短视频的质量。

短视频脚本一般分为分镜头脚本、拍摄提纲和文学脚本三种。

🍃 分镜头脚本：使用文字将镜头要表现的画面描述出来，通常包括景别、拍摄技巧、时间、机位、画面内容、音效等。分镜头脚本非常注重对细节的描写。

🍃 拍摄提纲：列出短视频的基本拍摄要点，在拍摄过程中起提示作用。拍摄提纲主要用于解决拍摄现场的各种不确定性问题，同时让摄影师有更大的创作空间。

🍃 文学脚本：不用描述细致内容，只需设计人物所要做的任务和所要说的台词，并将所有可控因素的拍摄思路简单列出。

一般而言，分镜头脚本适用于剧情类短视频内容，拍摄提纲适用于访谈类或资讯类短视频内容，文学脚本则适用于没有剧情的短视频内容。

1.2.2　AI文案的特点

　　AI文案是由人工智能技术生成的宣传或文学文本，这种以电脑等智能设备生成的文案，可以帮助用户轻松拓展丰富自己初步的想法。用户只要输入关键词或者长短句，就能得到符合自己想法和要求的文案。

　　比如用户输入"什么是AI短视频？"，之后获得的AI回复文案如图1-2所示。

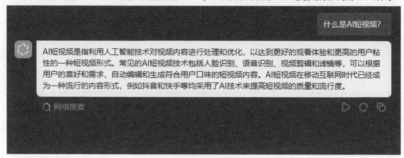

图 1-2

　　文案创作需要丰富的写作技巧和经验，而对许多产品或服务进行文案写作对于用户而言有一定的难度。此时，AI文案工具就能够帮助用户解决一系列难题。

　　AI文案总体来说具有以下几个特点。

　　🟤 自动生成：AI文案是由机器程序自动生成的，不需要人工撰写，可以节省时间和人力。

　　🟤 高效完成：AI文案的生成速度非常快，可以在短时间内生成大量文本，对于需要在短时间内完成大量营销文案的企业来说很有用。

　　🟤 个性定制：AI文案不仅可以根据用户数据确定用户喜好，还可以根据不同的目标受众和营销目的定制具体内容。

　　🟤 改进优化：AI文案可以根据数据分析和A/B测试结果进行改进和优化，进而提高文案转化率。

　　🟤 风格统一：使用同一模型生成的AI文案通常具有统一的语言风格和格式。

　　🟤 机器学习能力：AI文案生成程序可以使用机器学习技术，根据以往的文案数据和反馈进行优化和调整，从而生成更好的文案。

　　🟤 需要人工调整：虽然AI文案的生成效率极高，但由于其自动化的特性突出，所以创造性和创新性有限。因此，人工编辑和审查仍然非常重要，以确保文案的质量。

1.2.3　AI文案的生成步骤

　　AI文案的生成原理基于自然语言处理技术和机器学习技术，使用大量的文本数据进行学习和训练，逐渐识别和理解人类的语言模式，通过分析用户提供的主题和关键词，进行自动推理，从而生成各种高质量的句子、段落、文章等。

　　AI文案的生成过程通常包括以下几个步骤。

　　🟤 数据收集：AI文案生成程序需要大量的文本数据，这些数据可以来自网站、社交媒体等。

🕒 **预处理文本**:AI文案生成程序需要对输入的文本进行预处理,包括分词、标注、句法分析等,以使程序更好地理解文本的结构和意义。

🕒 **训练模型**:AI文案生成程序通常会使用机器学习算法来训练模型,如神经网络、随机森林等,训练出来的模型可以预测给定文本的下一个单词或句子。

🕒 **文本生成**:模型训练完成后,AI文案生成程序可以根据用户需求生成相应的文本。通常是先将用户输入的文本转换为向量表示,再将其输入模型,以便生成下一个单词或句子。

🕒 **文本优化**:生成的文本通常需要进行优化,以确保其质量达标,可以使用A/B测试等方法进行优化。

1.3　使用 ChatGPT 生成文案

ChatGPT是人工智能技术驱动的自然语言处理工具,它能够基于在预训练阶段所见的模式和统计规律来生成回答,还能根据聊天的上下文进行互动,真正像人类一样来聊天交流,甚至能完成撰写论文、邮件、脚本、文案、代码等任务。

1.3.1　集成 ChatGPT 的平台

在国内使用ChatGPT,可以选择Windows操作系统下自带的Microsoft Edge浏览器,获取扩展插件"WeTab AI",该插件集成了ChatGPT3.5及4.0版本,使用相当方便。图1-3所示为浏览器中的"WeTab AI"插件图标。

图 1-3

1.3.2 ChatGPT 基础用法

单击"WeTab AI"插件图标，登录AI聊天窗口，用户可以在聊天窗口中输入任何问题或话题，ChatGPT将尝试回答并提供与主题相关的信息。

比如进入聊天窗口，在底部的输入框内输入提示"以南京盐水鸭为主题，写一篇美食简介的短视频文案"，如图1-4所示。

图 1-4

单击输入框右侧的【发送】按钮🖈或在键盘上按Enter键，ChatGPT即可根据要求生成相应的回复，如图1-5所示。

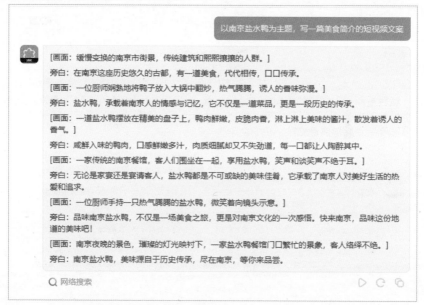

图 1-5

1. 添加温度指令

ChatGPT生成的文案较为严谨，却稍显机械、死板。要避免这个问题，可以在提问中关键词的结尾加上指令"Please generate the answer at x"或"use a temperature of x"(请用x的温度生成答案)。其中，x为数值，一般设置在0.1和1之间。ChatGPT的低温度回复稳重且严谨，高温度回复则充满创意与想象力。

比如首先输入不添加温度指令的提问，如图1-6所示。

图 1-6

然后重新输入同样的语句，在结尾加入"use a temperature of 1"后发送，最后生成的回复如图1-7所示。可以发现，没有温度指令时生成的回复比较机械，添加了温度指令后描述更细致，更有文学性。

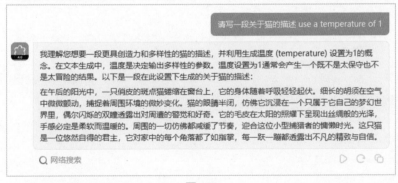

图 1-7

2. 优化提问结构

同样是使用ChatGPT生成答案，无效提问和有效提问获得的答案质量差距很大。比如先看一个无效提问，在ChatGPT中输入"我要去南京旅游，帮我推荐一些景点"，可以看到ChatGPT的回复和直接百度搜索的结果没有太大区别，如图1-8所示。

> 我要去南京旅游，帮我推荐一些景点

当然可以！南京是中国历史悠久、文化底蕴深厚的城市，有许多值得一游的景点。以下是一些建议：

1.
中山陵（明孝陵）： 这是中国近现代伟大的国父孙中山先生的陵墓，是一座宏伟的建筑，有着美丽的园林风景。

2.
紫金山： 这个风景秀丽的山脉是南京的地标之一，你可以在这里漫步、爬山，欣赏到城市全景。

3.
夫子庙： 也叫文庙，是中国最大的古代学庙之一。这里有许多古老的建筑和文化街区，可以感受到南京悠久的历史。

4.
博物院群： 包括南京博物院、中华门城堡、江宁织造博物馆等，这些博物馆展示了南京丰富的历史和文化。

5.
秦淮河： 这是中国最著名的历史文化名河之一，夜晚时分可以参加灯光秀和游船之旅，感受古都的浪漫氛围。

6.
雨花台： 这是一座纪念抗日战争的英雄的地方，同时也是一个风景宜人的公园。

7.
南京城墙： 南京有着保存完好的古城墙，你可以在城墙上漫步，俯瞰城市的美景。

8.
明城墙遗址公园： 这个公园保存了明代的城墙遗址，展示了南京古代城市规划和建筑工艺。

这只是南京众多景点中的一小部分，希望你在南京旅行时能有一个愉快的经历！

图 1-8

接着优化提问，在ChatGPT中输入"我要在5月1日去南京旅游，为期两天，住在夫子庙附近，请你作为一名导游，帮我制订一份旅游计划，包括详细的时间、路线和用餐安排。我希望时间宽裕，不用太过奔波。并且请写出乘车方式"，ChatGPT的回复如图1-9所示。

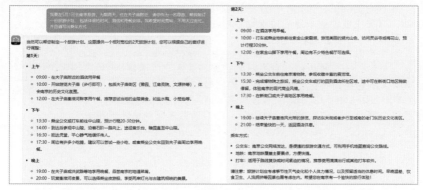

图 1-9

该优化提问采用了"交代背景+赋予身份+提出需求+意见补充"的提问结构，基本解决了我们可能遇到的大部分问题。

🔵 交代背景："我要在5月1日去南京旅游，为期两天，住在夫子庙附近"。

🔵 赋予身份："请你作为一名导游，帮我制订一份旅游计划，包括详细的时间、路线和用餐安排"。

🔵 提出需求："我希望时间宽裕，不用太过奔波"。

🔵 意见补充："并且请写出乘车方式"。

3. 专业的指令模板

掌握"问题背景+任务需求+行业专家模板或方法论"这一指令模板，能够提高ChatGPT生成更加专业性答案的可能性。

比如输入"根据《短视频营销全攻略》书中原理，生成5个关于美食推广短视频的标题文案"，生成的回复如图1-10所示。

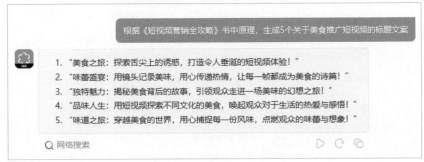

图 1-10

可以继续按照类似的指令模板进行提问，让ChatGPT生成更为专业和具体的答案。

1.3.3 使用 ChatGPT 获取主题

掌握了ChatGPT的使用方法，接下来我们就可以利用ChatGPT来生成创意十足的短视频主题、脚本文案、分镜头脚本和标题，并以此创作出吸引人的短视频内容。

用户可以在ChatGPT中输入相关主题、情节、角色、对话等信息，启发ChatGPT生成创意丰富的短视频脚本，以便更快地创作吸引人的短视频内容，提高短视频的质量和观众参与度。

扫一扫　看视频

制作短视频的目的是吸引观众注意力，传达信息和情感。因此，策划一个好的主题非常重要。使用ChatGPT获取主题的具体步骤如下。

01 在ChatGPT 中输入"帮我推荐10个热门短视频主题"，生成的回复如图1-11所示。

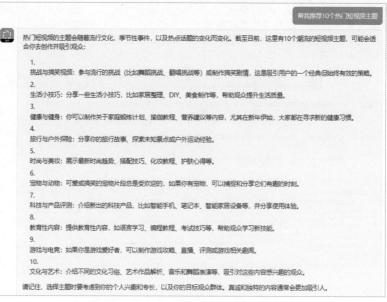

图 1-11

02 让ChatGPT在"健康与健身"这个大的类目下,列出一些子主题,在ChatGPT中输入"关于#健康与健身,给我10个子主题建议",ChatGPT的回复如图1-12所示。

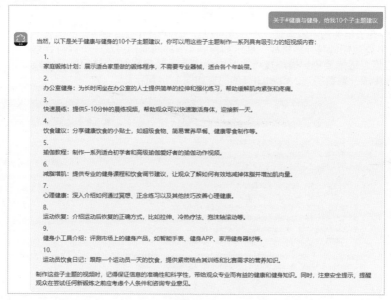

图 1-12

03 用户可以从子主题中选择一个，例如减脂增肌方法，让 ChatGPT 再提供 10 个视频创意的想法。输入"关于减脂增肌，介绍如何在短时间内完成减脂增肌的方法，不需要很强的营销口吻，帮我再想 10 个视频创意的想法建议"，ChatGPT 的回复如图 1-13 所示。

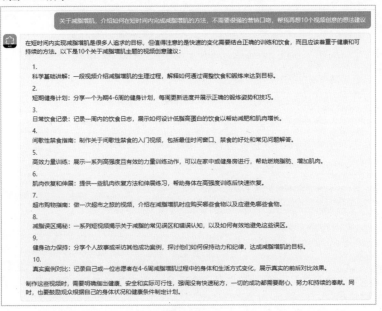

图 1-13

04 有了相关的主题建议，用户就可以让 ChatGPT 拟写短视频的标题，输入"根据'4 周短期健身计划挑战：展示如何在 4 周的时间内完成一个健身计划，包括更新进度、锻炼姿势、锻炼技巧等'这个内容，帮我写 10 个热门的短视频标题，并在其中加一些数字"，ChatGPT 的回复如图 1-14 所示。

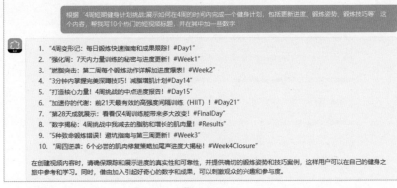

图 1-14

1.3.4 使用 ChatGPT 生成脚本

有了短视频主题后，用户即可让ChatGPT根据这个主题去生成详细的脚本内容，具体步骤如下。

扫一扫 看视频

01 在ChatGPT中输入"'4周变形记：每日锻炼快速指南和成果跟踪！'根据这个标题，写一个抖音短视频脚本，语气：口语化，分享口吻、欢乐、轻松。内容符合平台规则，不要用极限词"，ChatGPT的回复如图1-15所示。

'4周变形记：每日锻炼快速指南和成果跟踪！'根据这个标题，写一个抖音短视频脚本，语气：口语化，分享口吻、欢乐、轻松。内容符合平台规则，不要用极限词

开场镜头：镜头对准一张健身前的照片，快速切换到镜头前的我，满脸笑容。

【背景音乐：轻快、鼓舞人心的旋律】

我（兴奋）：大家好！欢迎来到"4周变形记"！从今天开始，我要带你们一起见证，只用四周时间，我们怎样实现翻天覆地的改变！

切换到日历和健身计划表：

我（分享口吻）：首先，看这个！（指向日历）我们的挑战是4周，每天我们都有特定的锻炼目标。不用担心，我会一一带大家过去，从零基础到......（做出强壮的手臂肌肉姿势）这样！

快速剪辑：展示一些简单到复杂的锻炼动作，背景音乐保持轻快。

我（边做动作边讲解）：看，我们从基础动作开始，比如深蹲、俯卧撑，然后慢慢增加难度。不需要任何高级器械，就在家也能完成哦！

切换到厨房，我正准备一份简单的高蛋白餐点。

我（笑着）：当然，锻炼之外，饮食也很重要。跟着我，做这些简单又美味的高蛋白餐吧。增肌减脂，两不误！

切回我，手持手机滑动屏幕，展示一个锻炼日记app。

我（欢乐）：每天结束后，别忘了在这里（指手机）记录一下。这样我们可以一起看到，每天的进步如何汇聚成巨大的改变！

结束镜头：我对着镜头，双手比出胜利的V字手势。

我（轻松笑着）：所以，你准备好迎接挑战了吗？让我们一起跳出舒适区，迎接更好的自己吧！别忘了点赞、关注，每天都来看看我和你的进步哦！

【背景音乐逐渐减弱，画面淡出】

结束语：我们明天见！加油！

【屏幕上滑动出文字："#4周变形记 #每日锻炼快速指南"】

整个视频充满了正能量和鼓励，以轻松欢乐的方式，让观众感到亲切和动力，鼓励他们加入这个4周的挑战，共同实现身体的转变。

图 1-15

02 让 ChatGPT继续详细展开说明，叙述一下短视频更加具体的内容，输入"请详细展开叙述一下"，ChatGPT即可生成更加详细的脚本文案，如图1-16所示。

请详细展开叙述一下

好的，下面是一个具体的抖音短视频脚本，用于"4周变形记：每日锻炼快速指南和成果跟踪"系列。

场景 1: 开场

【画面】：照片切换为镜头里活泼站立的我，配上活泼欢快的背景音乐。
【字幕】：#4周变形记 Day 1
我（兴奋地跳进镜头）：嘿，朋友们！今天是我4周健身挑战的第一天！会不会有点紧张？那是肯定的！但是更多的是兴奋啊！你们准备好和我一起动起来了吗？

场景 2: 计划介绍

【画面】：我拿出一个已经填写好的健身日历和一个计划表。
【字幕】：#每周锻炼目标
我（指着日历）：这里好，这是我们未来4周的战斗蓝图！每一天里，都有不同的锻炼任务等着我们去完成！担心吗？别担心，我会手把手教们的！

场景 3: 锻炼动作演示

【画面】：迅速切换展示几种由简至难的锻炼动作片段。
【字幕】：#易学动作 #在家健身
我（边做动作边解释）：不管你是新手还是老鸟，这些动作都是超有用的。我们会从最基本的开始，然后一步步增加难度，一起加油吧！

场景 4: 饮食指南

【画面】：我在厨房准备一份色彩丰富的高蛋白早餐。
【字幕】：#健康饮食 #高蛋白
我（微笑）：提醒一下，除了运动，饮食同样重要哦（眨眼）！看着这些可口的食物，我们不仅要变强，还要变得营养丰富！

场景 5: 进度跟踪

【画面】：我拿着手机，上面显示一个锻炼日记app的界面。
【字幕】：#进度记录 #每天更新
我（兴奋地）：完成锻炼后的那份成就感，你们懂的～所以记得每天都来更新你的进度，让我们能够一起，一点一滴看到变化！

场景 6: 结尾和号召行动

【画面】：我再次站在镜头前，双手比出胜利的V字手势。
【字幕】：#一起来挑战 #4周改变
我（笑容满面）：好了伙伴们，今天的分享就到这里。记得每天关注，看看我——还有你——的进步！现在就开始我们的4周挑战吧，别忘了点赞、关注！我们明天见，保持活力，加油！
【画面】：屏幕渐渐变暗，然后出现"我们明天见！加油！"的字幕，同时背景音乐缓缓结束。
【字幕】：#4周变形记 #每日锻炼快速指南
【提示】：所有场景都应该轻松愉快，让人感觉亲切、有动力。记得在视频的最后呼吁观众参与，并提示他们关注并开启通知，以便不错过任何更新。视频应遵循抖音平台的规则，避免使用任何可能被认为是过激或不和谐的词汇和内容。通过这种方式，你可以创建一个鼓励性和积极的社区氛围，促进健康的生活方式。

图 1-16

1.3.5 使用 ChatGPT 生成分镜头脚本

分镜头脚本文案是描述短视频中每一个镜头的内容和细节的文案，通常包括标题、场景描述、景别、运镜方法、台词对白、道具、节奏等要素。用ChatGPT生成分镜头脚本文案的具体步骤如下。

01 在ChatGPT中输入对话前提，如"你了解分镜头脚本文案是什么"，ChatGPT的回复如图 1-17 所示。

扫一扫 看视频

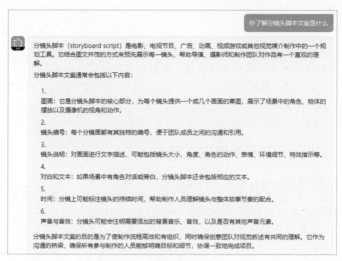

图 1-17

02 为ChatGPT设定身份，让其根据身份完成任务，如输入"你是一名专业的健身博主，正在写一个关于健身馆探店的脚本，事情发生在一家新开的健身馆，脚本中需包括当下短视频热门元素，开篇5s迅速吸引人的眼球，中间有反转，结尾有惊喜，文案侧重于情绪表达。脚本用表格的形式呈现以下内容：分镜序号、景别、画面描述、对话台词(包括人物对话时的动作、语言、神态等，越详细越好)、背景音乐(给出具体的歌曲名称)"，生成的分镜头脚本文案如图1-18所示。

作为一名专业的健身博主，正在写一个关于健身馆探店的脚本，事情发生在一家新开的健身馆，你在中需包括当下短视频热门元素，开篇5s迅速吸引人的眼球，中间有反转，结尾有惊喜，文案侧重于情绪表达。脚本用表格的形式呈现以下内容：分镜序号、景别、画面描述、对话台词(包括人物对话时的动作、语言、神态等，越详细越好)、背景音乐(给出具体的歌曲名称)

分镜序号	景别	画面描述	对话台词 (动作/语言/神态)	背景音乐
1	特写	快速转动的健身车飞轮	(无对话，只有努力骑行的呼吸声)	"Stronger" - Kanye West
2	全景	门口挂着"今日盛大开业"横幅的健身馆	(无对话，摄像机从外到内走进健身馆)	"Eye of the Tiger" - Survivor
3	中景	博主走入健身馆，环顾四周	"嘿，伙伴们！一起探索这家新健身馆吧！"(挥手/兴奋/笑容如花)	"Can't Stop the Feeling!" - Justin Timberlake
4	特写	健身器材陈脑、跑步机上的汗水闪耀	"看这先进设备，就知道运动起来会有多爽！"(拍拍器材/自信/眼神坚定)	"Power" - Kanye West
5	跟随	博主开始轻松使用器材	"轻轻松松，享受健身的快乐！"(微笑/激励/语气轻快)	"Happy" - Pharrell Williams
6	中景反转	其他人在挥汗如雨地进行高强度训练	"等等，看来得认真起来！"(搓手/坚定/语气转变)	"Survivor" - Destiny's Child
7	快速剪辑	博主加入高强度训练，汗水飞溅	"来吧，没什么能阻挡我！"(吐气/坚持/表情专注)	"Lose Yourself" - Eminem
8	中景	博主和其他健身者互相鼓励	"你们太棒了，我们一起加油！"(击掌/互鼓励/大笑)	"We Will Rock You" - Queen
9	全景惊喜	健身博被老板看到免费会员卡走来	老板："给力的汗水应有回报，这是给你的！"(递卡/微笑/友好)	"Good Feeling" - Flo Rida
10	特写	博主脸上露出惊喜的笑容	"哇噻，这结束得太完美了！"(接卡/激动/开心)	"Best Day Of My Life" - American Authors

此脚本中用到了不同的音乐来匹配各个场景的情绪和节奏，从热情的开场到中间的奋力挑战再到到惊喜的结尾，意在营造一个振奋、鼓舞人心的氛围，以吸引观众的注意力。同时，脚本中巧妙地运用了视觉切换和节奏变化，来创造期待和惊喜感。请注意，背景音乐需要获得相应的版权授权才可用于商业用途。

图 1-18

> **提示：**
>
> 因表达内容和写作手法不同，短视频文案表现为不同的类型：情感共鸣类短视频文案、互动体验类短视频文案、情节叙事类短视频文案、干货分享类短视频文案、影视解说类短视频文案等。用户在使用ChatGPT生成短视频文案时，可以结合其类型来撰写相关关键词。

1.3.6 使用 ChatGPT 撰写标题

短视频标题是对短视频主体内容的概括，能够起到突出视频主题、吸引受众观看视频的作用。短视频标题通常会与tag(标签)一起在短视频平台中呈现。使用ChatGPT生成短视频标题时，需要在关键词中提到连同标签一起生成，具体步骤如下。

扫一扫　看视频

 在ChatGPT中输入需求，如"提供一个主题为减脂餐分享的短视频标题文案，并添加tag(标签)"，ChatGPT的回复如图1-19所示。此时的文案中规中矩。

提供一个主题为减脂餐分享的短视频标题文案，并添加tag（标签）

标题文案：
"燃脂美食日记：5款超级减脂餐分享！#简单好做#健康减脂"
Tags:
#减脂餐 #健康食谱 #低卡餐点 #轻食日记 #脂肪燃烧 #瘦身食谱 #美味低卡 #减肥不挨饿

图 1-19

 对生成的标题文案提出修改要求，输入"短视频标题文案的要求：1.突出受众痛点；2.能够快速吸引人，并使受众产生观看视频内容的兴趣。根据要求重新提供标题文案"，生成的回复如图1-20所示。

短视频标题文案的要求：1.突出受众痛点；2.能够快速吸引人，并使受众产生观看视频内容的兴趣。根据要求重新提供标题文案

标题文案：
"别让脂肪占领腰间！3分钟学会做5道美味低卡餐，享瘦无负担！#轻松甩脂#美味不增肥"
Tags:
#燃脂食谱 #减脂必备 #健康生活 #快速瘦身 #美食挑战 #不节食减脂 #家常轻食 #健身餐制胜秘诀

图 1-20

03 让ChatGPT根据某一个短视频平台的特性和受众需求，生成标题文案，如输入"B站上的短视频标题文案通常是'3分钟搞定，一周懒人减脂菜谱'，'家人们谁懂啊，两周减掉8斤肉的减脂餐'等语言风格，请按照B站上的文案写法，重新提供一个标题文案"，生成的回复如图1-21所示。

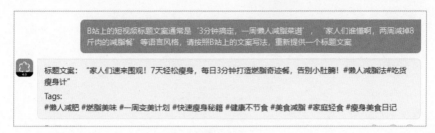

图 1-21

1.4 使用其他 AI 工具生成文案

提供生成文案的AI工具除了ChatGPT，还有文心一言、写作猫、Notion等。此类工具与ChatGPT类似，都有各自的平台和软件，提供相应的文案生成服务。

1.4.1 使用文心一言生成 vlog 脚本

文心一言(英文名：ERNIE Bot)是百度全新一代知识增强大语言模型，为文心大模型家族的新成员，能够与人对话互动、回答问题、协助创作，高效便捷地帮助人们获取信息、知识和灵感。文心一言从数万亿数据和数千亿知识中融合学习，得到预训练大模型，在此基础上采用有监督精调、人类反馈强化学习、提示等技术，具备知识增强、检索增强和对话增强的技术优势。

比如在文心一言输入框中输入"现在你是一位日常vlog博主，请你写一份女大学生早八上课快速上妆vlog脚本，要求内容详细，风格贴近日常，体现上妆的速度"，此时文心一言的回复如图 1-22、图 1-23 及图 1-24 所示。

图 1-22

图 1-23

在图1-24的回复结尾处，可以选择单击【加入更多细节，体现上妆的速度】按钮来重新描述，添加更多细节内容。

图 1-24

文心一言的回复如图1-25、图1-26所示。

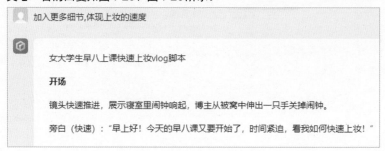

图 1-25

18

洗漱准备

镜头快速切换至洗漱台，博主拿起牙刷，挤上牙膏，快速刷牙，同时用洗面奶洗脸。

旁白（语速加快）："刷牙洗脸一气呵成，用冷水洗更提神。"

基础护肤

博主迅速拿起水乳，倒在手心，然后快速拍打在脸上。

旁白："水乳一拍即干，保湿又提亮，不耽误时间。"

底妆部分

博主拿起气垫BB，轻轻在脸上拍打几下，然后快速用粉扑按压均匀。

旁白："气垫BB快速上妆，均匀肤色，几秒钟搞定。"

遮瑕

博主用遮瑕笔快速在黑眼圈和痘印处轻轻点涂，然后用指腹轻轻拍开。

旁白："遮瑕笔快速点涂，轻轻拍开，瑕疵瞬间隐形。"

定妆

博主拿起散粉刷，蘸取适量散粉，在脸上轻轻一扫。

旁白："散粉一扫，底妆更持久，快速又方便。"

眼妆部分

博主用眼影刷快速在眼窝处晕染眼影，然后拿起眼线笔，快速画出内眼线。

旁白："眼影晕染几下，内眼线一笔带过，眼妆完成。"

眉毛修饰

博主用眉笔快速填补眉毛空隙，然后用眉刷轻轻梳理一下。

旁白："眉笔填补空隙，眉刷梳理一下，眉毛自然又精神。"

唇妆

博主拿起唇膏，快速在嘴唇上涂抹一层。

旁白："唇膏快速涂抹，提升气色，又不耽误时间。"

发型整理

博主用手随意梳理一下头发，然后用发夹将侧边头发夹起。

旁白："头发随手抓抓，发夹一夹，简单又快速。"

配饰点缀

博主从抽屉里快速拿出一个简约的耳环戴上。

旁白："耳环一戴，增添一丝精致感，快速又好看。"

总结

博主拿起书包，站在镜子前快速检查一下妆容，然后满意地点点头。

旁白："好啦，快速上妆完成！虽然时间短，但效果还不错吧？一起加油，美美地去上课吧！"

结尾

博主快速走出寝室，阳光洒在身上，画面渐渐拉远。

旁白："今天的快速上妆就分享到这里啦！下次再见，记得关注我哦！"

（视频结束，字幕快速出现："感谢观看，快速又美美的一天开始啦！"）

重新生成

可以继续问我：

加上更多的细节 比如博主的衣着、发型搭配。 | 加上一些细节 比如博主在教室里 有其他同学路过 | 加上更多细节 比如上妆的速

图 1-26

1.4.2 使用写作猫生成广告语

写作猫是融合国内外优秀AI技术，重磅推出的一款帮助用户高效创作的智能写作产品。

进入该软件网页平台后，单击【AI写作】按钮，如图1-27所示。

图 1-27

选择一款写作工具，比如【广告语】工具，在输入框中输入需求："蓝牙耳机标题"，然后单击【生成内容】按钮即可生成多条广告语标题，如图1-28所示。

图 1-28

第 2 章

使用文案生成视频

要将文本生成视频，需要先使用AI工具创作相应的文案，再借助软件或平台的AI功能生成视频。本章将介绍剪映专业版、腾讯智影等AI视频创作工具的使用方法，快速将文本生成视频。

2.1 使用剪映专业版 AI 文案生成视频

使用ChatGPT与剪映这两个工具可以快速制作出短视频，流程是先用ChatGPT快速生成文案，再用剪映的"图文成片"功能快速生成视频，既方便又高效。本节将以制作一个花卉摄影教程短视频为例，讲解使用ChatGPT生成文案，以及使用剪映专业版(电脑版)的"图文成片"功能生成短视频的方法。

2.1.1 使用 ChatGPT 生成文案

要制作花卉摄影教程短视频，首先需要使用ChatGPT快速生成摄影技巧的文案，操作步骤如下。

扫一扫　看视频

01 在ChatGPT中输入"请给我10个花卉摄影技巧的短视频标题。要求：包含数字"，ChatGPT即可根据要求生成10个关于花卉摄影技巧的视频标题，如图2-1所示。

> 请给我10个花卉摄影技巧的短视频标题。要求：包含数字

1. "5秘诀：如何使用自然光拍摄绝美花卉"
2. "10个技巧快速提升你的花卉摄影技能"
3. "花卉摄影入门：4个基础但强大的技巧"
4. "3种方法：用手机拍出专业级别的花卉照片"
5. "7步骤：创造令人惊叹的花卉宏观摄影作品"
6. "如何在室内拍摄花卉？6个简单技巧教你"
7. "拍摄野生花卉：5个技巧帮你捕捉自然之美"
8. "提升花卉照片色彩的4个编辑技巧"
9. "2大原则+8个技巧：构图提升花卉摄影美感"
10. "使用这5个技巧，让你的花卉摄影作品脱颖而出"

图 2-1

02 用户选择其中一个标题，让ChatGPT继续生成对应的文案，例如输入"写一篇'使用这5个技巧，让你的花卉摄影作品脱颖而出'的短视频文案，要求：逻辑清晰、通俗易懂，50字以内，用数字分点叙述"，ChatGPT即可根据要求生成一篇文案，如图2-2所示。

> 写一篇'使用这5个技巧，让你的花卉摄影作品脱颖而出'的短视频文案，要求：逻辑清晰、通俗易懂，50字以内，用数字分点叙述

1. 选对光线：利用黄金时段的自然光。
2. 使用宏观镜头：捕捉花卉细节。
3. 构图创意：尝试不同角度和构图。
4. 后期调色：强调色彩和细节。
5. 环境融合：让花卉与背景和谐共存。

图 2-2

03 此刻ChatGPT的工作已经完成，选中ChatGPT回复的文案内容，右击鼠标，在弹出的快捷菜单中选择【复制】命令，如图2-3所示，将其复制并粘贴到其他应用(如Word或记事本)中，并根据需要对文案进行修改或调整。

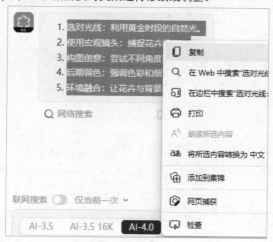

图 2-3

2.1.2 使用"图文成片"功能生成视频

使用ChatGPT生成文案后，接下来可以在剪映专业版中使用"图文成片"功能，快速生成想要的视频效果。具体步骤如下。

扫一扫 看视频

01 打开剪映专业版，在首页中单击【图文成片】按钮，如图2-4所示。

图 2-4

02 进入【图文成片】界面中，选择左侧的【自由编辑文案】选项，如图2-5所示。

图 2-5

03 此时打开【自由编辑文案】界面，如图2-6所示。

图 2-6

04 打开2.1.1小节制作好的文案文件，右击鼠标，在弹出的快捷菜单中选择【复制】命令，如图2-7所示。

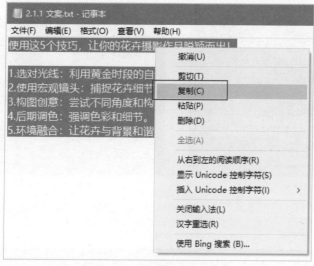

图 2-7

05 在【自由编辑文案】界面的文本框中粘贴文案，然后单击右下角的配音按钮，打开下拉菜单，选择【广告男声】选项，如图2-8所示。

图 2-8

06 单击右下角的【生成视频】按钮，打开下拉菜单，选择【智能匹配素材】选项，如图2-9所示。

07 此时即可开始生成视频，并显示视频生成进度，如图2-10所示。

图 2-9

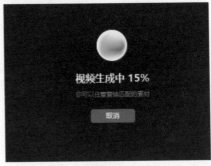

图 2-10

08 稍等片刻，即可进入剪映的视频剪辑界面，可以查看剪映自动生成的短视频缩略图，在界面下方可以调整视频的时长、配音的时长、字幕显示时长等选项，编辑完毕后，单击界面右上角的【导出】按钮，如图2-11所示。

图 2-11

09 打开【导出】对话框，单击【导出至】右侧的文件夹按钮 🗁，如图2-12所示。

10 打开【请选择导出路径】对话框，设置生成视频的保存路径，然后单击【选择文件夹】按钮，如图2-13所示。

图 2-12   图 2-13

11 返回【导出】对话框，取消选中【字幕导出】复选框，并设置【分辨率】为【720P】，最后单击【导出】按钮，如图2-14所示。

12 此时即可开始导出视频，并显示视频导出进度，如图2-15所示。

图 2-14   图 2-15

13 导出完成后，在设置的导出文件夹中双击打开视频文件，效果如图2-16所示。

图 2-16

2.2 使用腾讯智影 AI 创作文案及生成视频

腾讯智影是一款云端智能视频创作工具，无须下载即可通过电脑浏览器访问。腾讯智影提供了"文章转视频"功能，用户借助AI文案可以自动生成视频。

2.2.1 创作 AI 文案

在浏览器搜索并进入腾讯智影官网，下面介绍使用腾讯智影创作AI文案的步骤。

01 登录腾讯智影官网后，进入【创作空间】页面，在【智能小工具】板块中单击【文章转视频】按钮，如图2-17所示。

扫一扫　看视频

图 2-17

02 进入【文章转视频】页面，在【请帮我写一篇文章，主题是】下方的文本框中输入文案主题后，单击右侧的【AI 创作】按钮，如图2-18所示。

图 2-18

03 执行操作后，弹出创作进度提示框，稍等片刻，即可查看生成的视频文案，如图2-19所示。

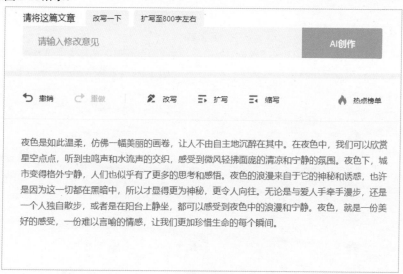

图 2-19

2.2.2 使用"文章转视频"功能生成视频

扫一扫 看视频

在【文章转视频】页面中得到视频文案后,可以使用文案直接生成视频。具体步骤如下。

01 得到文案后,在【文章转视频】页面中对视频的成片类型、视频比例、背景音乐、数字人播报和朗读音色等进行设置,例如,在【朗读音色】板块中单击显示的头像,如图2-20所示。

图 2-20

02 执行操作后,打开【朗读音色】对话框,在【全部场景】选项卡中选择【云依】音色选项,然后单击【确定】按钮,如图2-21所示,即可更改视频的朗读音色。

图 2-21

03 单击图2-20右下角的【生成视频】按钮,开始自动生成视频并显示生成进度。稍等片刻,即可进入视频编辑页面,查看视频效果,然后单击右上角的【合成】按钮,如图2-22所示。

图 2-22

04 在弹出的【合成设置】对话框中修改视频名称后,保持其他设置不变,单击【合成】按钮,如图2-23所示。

图 2-23

05 执行操作后,进入"我的资源"页面,视频缩略图上会显示合成进度。合成结束后,单击视频缩略图即可在线浏览视频(由于使用了网页版权资源,因此该视频不提供下载),如图2-24和图2-25所示。

图 2-24

图 2-25

2.2.3　替换视频素材

　　用户可以先用【文章转视频】功能生成视频框架，再通过替换素材来获得所需的视频效果。

例如在图2-22所示的视频编辑页面中，选择其中一个片段，显示【替换素材】按钮后单击，如图2-26所示。

图 2-26

弹出【替换素材】对话框，在【上传素材】选项卡中单击中间的上传符号，如图2-27所示。

图 2-27

弹出【打开】对话框，选择一张图片作为替换素材，然后单击【打开】按钮，如图2-28所示。此时【替换素材】对话框中显示该图片，单击该图片素材，如图2-29所示。

图 2-28   图 2-29

在弹出的对话框中单击【替换】按钮，如图2-30所示。此时返回视频编辑页面，显示为替换后的素材，如图2-31所示。

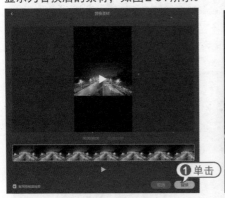

图 2-30   图 2-31

可以继续按照2.2.2小节步骤(3)以后的内容操作下去，即可制作替换了视频素材的新视频。

2.3　使用一帧秒创 AI 生成文案及视频

一帧秒创基于新壹视频大模型以及一帧AIGC智能引擎内容生成平台，为创作者和机构提供AI生成服务。一帧秒创通过对文案、素材、AI语音、字幕等进行智能分析，能够帮助用户快速创作视频。本节主要介绍一帧秒创的"AI帮写"和"文章转视频"等功能生成文案和视频的操作方法。

2.3.1　使用"AI 帮写"功能生成文案

在一帧秒创中，用户可以完成使用文本生成视频的所有操作，先使用"AI帮写"功能生成文案，再选择文案进行视频生成。下面介绍使用"AI帮写"功能生成文案的具体操作步骤。

扫一扫　看视频

01 登录一帧秒创首页，单击【AI帮写】按钮，如图2-32所示。

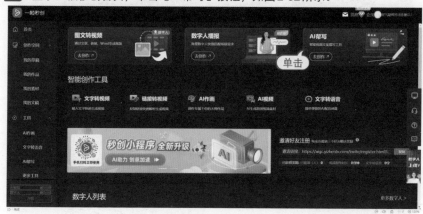

图 2-32

02 选择【AI帮写】页面中提供的脚本选项，这里选择【宠物类短视频脚本】，如图2-33所示。

图 2-33

03 在页面中输入【主题】【品类】【核心卖点】等内容，然后单击【立即生成】按钮，如图2-34所示。

04 稍等片刻，右侧【文案预览】板块将显示生成的文案内容，如图2-35所示。

图 2-34

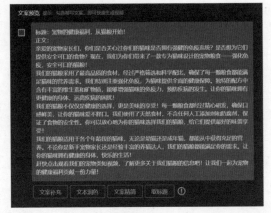

图 2-35

2.3.2　选取文案生成视频

扫一扫　看视频

　　获得文案后,可以直接选中文案,使用文章转视频功能生成视频。具体步骤如下。

01 在【AI帮写】页面右侧的【文案预览】板块中,选中文案左侧的复选框,保持默认选项,单击【生成视频】按钮,如图2-36所示。

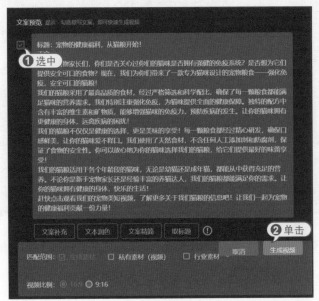

图 2-36

02 进入【编辑文稿】页面，一帧秒创会自动对文案进行分段，在生成视频时，每一段文案对应一段素材。如果用户不对自动分段进行调整，单击【下一步】按钮，如图2-37所示。

图 2-37

03 稍等片刻，进入视频场景编辑页面，分段文案形成了一段段短视频，可以继续编辑文案，或调整背景音乐等设置，完成后单击【生成视频】按钮，如图2-38所示。

图 2-38

04 进入【生成视频】页面，设置视频标题、视频封面等选项，然后单击【确定】按钮，如图2-39所示。

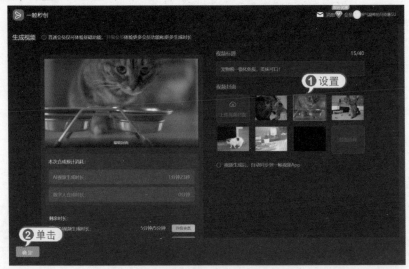

图 2-39

05 完成生成视频操作后，在【我的作品】页面中显示视频，单击即可在线浏览视频内容，如图2-40所示。

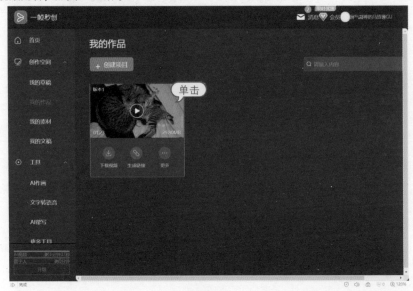

图 2-40

2.3.3　使用 AI 编辑视频

除了使用AI帮写文案并生成视频，一帧秒创还提供多个AI视频编辑功能，可帮助用户轻松地完成对短视频的处理。

1．视频裁切

使用"视频裁切"功能可以快速改变视频的尺寸，用户可以在裁切时调整裁切的位置和大小。

首先在一帧秒创首页选择【更多工具】选项卡，单击页面中的【视频裁切】按钮，如图2-41所示。进入【视频裁切】页面，单击上传图标，如图2-42所示。

图 2-41　　　　　　　　　　　　　　　图 2-42

选择本地视频后，即可进入视频裁切编辑页面，选择裁切比例，并在预览区域中调整裁切位置，最后单击【提交】按钮生成新尺寸的视频，如图2-43所示。

图 2-43

2．视频去水印

使用"视频去水印"功能，可以快速去除视频中的水印或字幕，获得纯净的视频画面。

首先在一帧秒创首页选择【更多工具】选项卡，单击页面中的【视频去水印】按钮，如图2-44所示。进入【视频去水印】页面，单击上传图标，如图2-45所示。

图 2-44　　　　　　　　　　　　　　　图 2-45

选择本地视频后，即可进入【去水印】页面，选择裁切比例，拖曳并调整预览区域中的选取框，将其覆盖水印文字后，单击【提交】按钮，如图2-46所示，即可对水印文字进行处理。

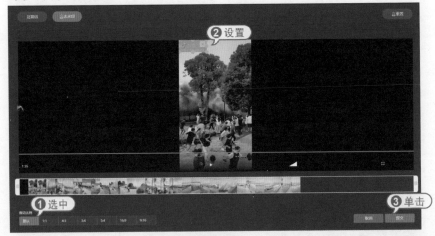

图 2-46

最后编辑后的视频都会显示在【我的作品】页面中，用户可以选择在线预览视频或下载到本地电脑上。

第 3 章

使用 AI 绘画生成视频素材

图片是构成短视频的重要素材，除了亲自拍摄照片，用户还可以使用AI绘画工具生成需要的图片素材。本章主要介绍AI绘画的理论知识、常用工具和平台，以及快速生成图片的操作方法。

3.1 AI 绘画基础理论知识

AI绘画指使用人工智能技术生成艺术作品，涵盖了各种技术和方法，包括计算机视觉、深度学习、生成对抗网络(Generative Adversarial Networks，GAN)、卷积神经网络(Convolutional Neural Networks，CNN)等。利用这些技术，计算机可以模拟艺术风格，生成全新的艺术作品。

3.1.1 AI 绘画的原理

AI绘画具有快速、高效、自动化等特点，它的技术特点主要在于能够依托人工智能技术和算法对图像进行处理，实现艺术风格的融合和变换，提升用户的绘画创作体验。

AI绘画的技术原理主要有以下几个方面。

1. 生成对抗网络(GAN)技术

AI绘画的技术原理主要是生成对抗网络，这是一种无监督学习模型，可以模拟人类艺术家的创作过程，生成高度逼真的图像。

生成对抗网络技术是一种通过训练两个神经网络来生成逼真图像的算法。其中，生成器网络用于生成图像，判别器网络用于判断图像的真伪，并反馈给生成器网络。

生成对抗网络技术的使用目标是通过训练两个模型(GAN模型)的对抗学习，生成与真实数据相似的数据样本，进而逐渐生成越来越逼真的艺术作品。对GAN模型训练过程的简单描述如下。

🔵 生成假图片：随机生成一个噪声向量，将其输入生成器网络，生成一张假图片。

🔵 进行判别：将真实的图片和生成的假图片输入判别器网络进行判别，并计算判别器的损失函数。

🔵 优化假图片：将生成器网络生成的假图片的损失函数作为反向传播的信号，更新生成器的参数，使其能够生成更加逼真的假图片。

🔵 判断真假数据：将判别器的损失函数作为反向传播的信号，更新判别器的参数，使其能够更准确地判断真假数据。

GAN模型的优点在于能够生成与真实数据非常相似的假数据，同时具有较高的灵活性和可扩展性。

生成对抗网络技术是深度学习中的核心技术之一，已经成功应用于图像生成、图像修复、图像超分辨率、图像风格转换等领域。

2. 卷积神经网络(CNN)技术

利用卷积神经网络技术，可以对图像进行分类、识别、分割等操作。同时，卷积神经网络技术是实现风格转换和自适应着色的重要技术之一。卷积神经网络技术在AI绘画中起着重要的作用，主要表现在以下几个方面。

🔵 图像分类和识别：使用卷积神经网络技术，可以对图像进行分类和识别，即通过对图像进行卷积(Convolution)、池化(Pooling)等操作，提取图像特征，进行分类和识别。在AI绘画中，卷积神经网络技术可以用于对绘画风格进行分类、对图像中的不同部分进行识别和分割，从而实现自动着色、图像增强等。

图像风格转换：使用卷积神经网络技术，可以通过对两个图像的特征进行匹配，完成将一张图像的风格应用到另一张图像上的操作。在AI绘画中，可以通过使用卷积神经网络技术，将某艺术家的绘画风格应用到目标图像上，生成具有特定艺术风格的图像。

图像生成和重构：卷积神经网络技术可以用于生成新的图像，或对图像进行重构。在AI绘画中，可以通过卷积神经网络技术，对图像进行自动着色或增强色彩，以提高图像的质量和清晰度。

图像降噪和杂物去除：在AI绘画中，可以通过卷积神经网络技术，去除噪点或杂物，提高图像的质量和视觉效果。

3. 转移学习技术

转移学习又称迁移学习(Transfer Learning)，是将已经训练好的模型应用于新的领域或任务的一种方法，可以提高模型的泛化能力和使用效率。转移学习通常有以下三种类型。

基于模型的转移学习：使用已经掌握的模型来帮助解决新的问题，例如，使用预训练的神经网络模型进行图像分类。

基于特征的转移学习：将已经掌握的特征表示应用于新的任务，例如，使用预训练的自然语言处理模型中的词以进行文本分类。

基于关系的转移学习：根据已经完成的任务之间的关系来帮助完成新的任务，例如，利用图像和文本之间的关系实现多模态任务的学习。

4. 图像分割技术

图像分割是将一张图像划分为多个不同区域，每个区域具有相似的像素值或者语义信息。图像分割技术在计算机视觉领域有广泛的应用，例如，目标检测、自动着色、图像语义分割、医学影像分析、图像重构等。图像分割的方法主要有以下几类。

基于阈值的分割方法：根据像素值的阈值将图像分为不同的区域。

基于边缘的分割方法：通过检测图像中的边缘来划分图像区域。

基于区域的分割方法：将图像分为不同的区域，并在区域内进行像素值或语义信息的聚合。

基于深度学习的分割方法：利用深度学习模型(如CNN)，从大量标注数据中学习图像分割任务，将图像分为不同的区域。

5. 图像增强技术

图像增强指对图像进行增强操作，使其更加清晰、明亮，且色彩更鲜艳、更易于分析。使用图像增强技术，可以提高图像的质量，提高图像的可视性和识别性。常见的图像增强方法主要有以下几类。

灰度变换：对图像的灰度级进行线性变换或非线性变换，以改变图像的对比度和亮度。

直方图均衡化：对图像的像素值进行统计分析，通过调整图像像素值的分布来改变图像的对比度。

滤波：利用各种滤波算法，如高斯滤波算法、中值滤波算法等，对图像进行平滑或锐化处理。

💡 **锐化增强**：锐化增强是图像卷积处理实现锐化常用的算法，主要通过增强图像的边缘和细节，从而提高图像的视觉质量。

💡 **色彩增强**：通过对图像的颜色进行调整，使图像更鲜艳、明亮，或更适应特定的环境。

💡 **噪声去除**：去除图像中的各种噪声，如脉冲噪声、高斯噪声等，以提高图像的清晰度和质量。

💡 **对比度增强**：通过增加图像的对比度改善图像的视觉效果，使图像中的主体更加突出。

3.1.2　AI 绘画的应用

AI绘画的应用领域越来越广泛，包括游戏、电影、动画、设计、数字艺术等。AI绘画不仅可以用于生成各种形式的艺术作品，包括素描、水彩画、油画、立体艺术等，还可以在艺术作品的创作过程中发挥所长，帮助绘者更快、更准确地表达自己的创意。总之，AI绘画的发展前景极好，将会对许多行业和领域产生重大影响。

AI绘画主要应用于如下领域。

1. 电影和动画领域

AI绘画技术在电影和动画制作中有着越来越广泛的应用，可以帮助电影和动画制作者快速生成各种场景、进行角色设计，甚至协助特效制作和后期制作。使用AI绘画技术生成的环境和场景设计图如图3-1所示，这些设计图可以帮助制作人员更好地规划电影和动画的场景和布局。

图 3-1

使用AI绘画技术生成的角色设计图如图3-2所示，这些设计图可以帮助绘者更好地理解角色，更加精准地设计角色个性形象。

图 3-2

2. 游戏设计领域

AI绘画可以帮助游戏开发者快速生成游戏中需要的各种艺术资源，比如角色、环境、场景等图像素材。使用AI绘画技术生成的游戏角色如图3-3所示。游戏开发者可以先使用AI绘画技术快速生成角色草图，再使用传统绘画工具进行优化。

图 3-3

3. 广告设计领域

在广告设计领域，使用AI绘画技术可以提高设计效率和作品质量，促进广告内容的多样化发展，增强产品设计的创造力和展示效果，以及提供更加智能、高效的用户交互体验。使用AI绘画技术，设计师和广告制作人员可以快速生成各种平面设计和宣传资料，如广告图、海报、宣传图等图像素材。使用AI绘画技术生成的汽车广告图片如图3-4所示。

图 3-4

4. 数字艺术领域

目前，AI绘画已成为数字艺术的重要形式之一，艺术家可以利用AI绘画的技术特点，创作独特的数字艺术作品，如图3-5所示。AI绘画的发展对于数字艺术的推广有重要作用，能够产生更多的创新和可能性。

图 3-5

3.2 文心一格 AI 绘画

文心一格是由百度飞桨推出的AI艺术和创意辅助平台，可以帮助用户快速生成高质量的AI图像。文心一格支持用户自行设置关键词、画面类型、图像比例、数量等参数，可极大地满足用户的绘画需求。需要注意的是，即使是完全相同的关键词，文心一格每次生成的画作也会有所差异。

3.2.1 选择画面类型

使用文心一格的【AI创作】模式，用户只需输入关键词(该平台也将其称为"创意")，并选择提供的画面类型，即可生成画作。

扫一扫 看视频

01 登录文心一格，选择【AI创作】选项卡，进入该页面，在文本框内输入关键词，如图3-6所示。

02 在【画面类型】选项区域中单击【更多】按钮展开选项，在其中选择【明亮插画】选项，然后单击【立即生成】按钮，如图3-7所示。

图 3-6

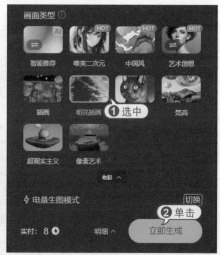

图 3-7

03 稍等片刻，即可生成4张与关键词相关的AI绘画作品，可以选择其中1张图像，如图3-8所示。

04 打开单张图像，可以单击右侧竖排按钮中的【下载】按钮，弹出对话框，设置保存路径和名称后，单击【下载】按钮，将该图片保存到本地电脑中，如图3-9所示。

图 3-8

图 3-9

3.2.2 选择画面比例和数量

在文心一格中除了可以选择多种图片风格，还可以设置图片的比例(如竖图、方图和横图)和数量(最多9张)。

例如在【AI创作】页面中的【比例】中选择【竖图】选项，设置【数量】滑杆条数值为1，然后单击【立即生成】按钮，生成1张竖图，如图3-10所示。

图 3-10

3.2.3 使用【自定义】模式

使用文心一格的【自定义】AI绘画模式，用户可以设置更多的关键词，使生成的图片效果更加符合自己的需求。具体操作步骤如下。

扫一扫 看视频

01 进入【AI创作】页面，切换至【自定义】选项卡，输入关键词，并设置【选择AI画师】为【二次元】，如图3-11所示。

02 设置【尺寸】为16：9，【数量】为1，【画面风格】为【复古风】，【修饰词】为【精细刻画】，然后单击【立即生成】按钮，如图3-12所示。

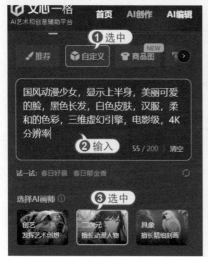

图 3-11

图 3-12

03 此时即可生成自定义的AI绘画作品，如图3-13所示。

图 3-13

3.2.4 使用"上传参考图"功能由图生图

在【自定义】AI绘画模式中，用户可以使用"上传参考图"功能，生成类似的图片效果。具体操作步骤如下。

扫一扫 看视频

49

01 进入【AI创作】页面，切换至【自定义】选项卡，输入关键词，并设置【选择AI画师】为【创艺】，单击【上传参考图】下方的■按钮，如图3-14所示。

02 打开【打开】对话框，选择相应的参考图，然后单击【打开】按钮，如图3-15所示。

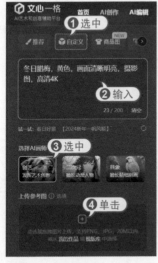

图 3-14

图 3-15

03 上传参考图后，设置【影响比重】参数为8，如图3-16所示，该数值越大，参考图的影响就越大。

04 在下方设置【尺寸】为9：16，【数量】为1，然后单击【立即生成】按钮，如图3-17所示。

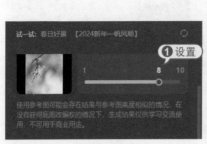

图 3-16

图 3-17

05 此时即可根据该参考图生成类似的图片效果，如图3-18所示。

图 3-18

3.2.5 使用"图片叠加"功能混合生图

使用文心一格的"图片叠加"功能，可以将两张素材图片叠加在一起，生成一张新的图片，新的图片会同时具备两张素材图片的特征。具体操作步骤如下。

01 选择【AI编辑】页面，选择【图片叠加】选项，如图3-19所示。

02 展开【图片叠加】选项区域，单击左侧的【选择图片】按钮，如图3-20所示。

图 3-19

图 3-20

03 在打开的对话框中切换至【上传本地照片】选项卡,单击【选择文件】按钮,如图3-21所示。

04 打开【打开】对话框,选择第1张图片素材,然后单击【打开】按钮,如图3-22所示。

图 3-21

图 3-22

05 使用相同的方法,上传第2张图片,然后输入关键词,设置尺寸和数量,最后单击【立即生成】按钮,如图3-23所示。

06 此时即可叠加两张素材图片,生成一张新图片,效果如图3-24所示。

图 3-23

图 3-24

3.2.6 使用"人物动作识别再创作"功能

使用"人物动作识别再创作"功能时,文心一格可以先识别人物图片中的动作,再结合输入的关键词,生成人物动作相近的图片。具体操作步骤如下。

扫一扫 看视频

01 选择【实验室】页面，单击【人物动作识别再创作】按钮，如图3-25所示。

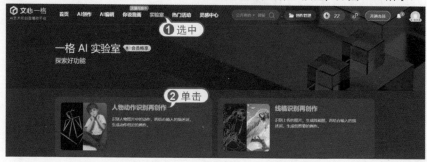

图 3-25

02 进入【人物动作识别再创作】页面，单击【将文件拖到此处，或点击上传】按钮，如图3-26所示。

03 在打开的对话框中选择图片，单击【打开】按钮，如图3-27所示。

图 3-26

图 3-27

04 添加参考图后，输入关键词，单击【立即生成】按钮，即可生成对应的骨骼图和效果图，如图3-28所示。

图 3-28

3.3 Midjourney AI 绘画

Midjourney 是一个人工智能绘图平台，用户直接注册 Discord 并加入 MJ 的服务器即可开始 AI 创作。

3.3.1 Midjourney 操作简介

Midjourney绑定了Discord账号后，在Discord中添加服务器并邀请Midjourney机器人进入，在Discord中输入关键词即可生成相应图片。

例如，要制作一张马戏团风格的等轴3D模型插画。在底部对话框中首先输入"/imagine"，后面自动添加【prompt】文本框，如图3-29所示。

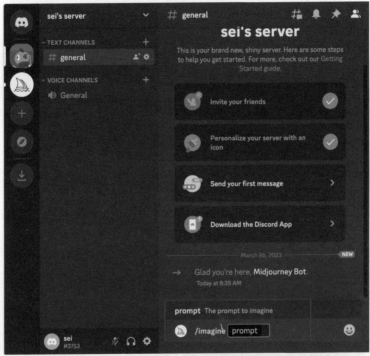

图 3-29

提示：

prompt中文译作【提示词】，即为自然语言的关键词。 Midjourney主要使用imagine 指令和关键词等文字内容来完成AI绘画操作，用户应该尽量输入英文关键词。需要注意的是，AI模型对于英文单词的首字母大小写格式没有要求，但注意每个关键词中间要添加一个逗号(英文字体格式)或空格。

在【prompt】文本框中输入提示词，用英文逗号隔开，如图3-30所示。

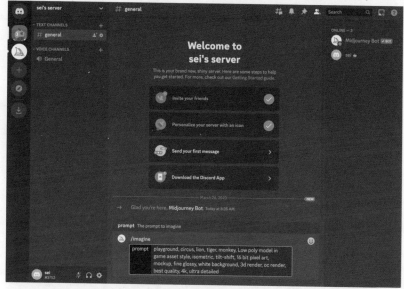

图 3-30

输入提示词后按Enter键，等待出图。Midjourney会默认返回4张图片，如图3-31所示。用户可以再单独针对某一张图片进行细节扩展。

图 3-31

图片下方的一组按钮说明如图3-32所示。

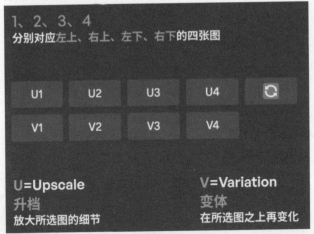

图 3-32

单击任意一个按钮，Midjourney会继续生成对应图片，如图3-33所示。

图 3-33

此时图片下方的一组按钮说明如图3-34所示。

　　用户可根据自身需求，单击相应按钮。若想直接预览大图，可单击【Web】按钮直接跳转到Midjourney官网的个人主页进行预览。直接右击想要保存的图片，可以在弹出的快捷菜单中选择保存相关命令，也可以在Midjourney官网个人主页里查看和保存。

图 3-34

3.3.2 提示词的基本结构及常用后缀参数

想要生成自己想要的图片，提示词的描述精准度就很关键，下面介绍提示词的基本结构以及常用的后缀参数。

1. 基本结构

提示词的基本结构为"图片描述词(图片链接)+文字描述词+后缀参数"，其中图片链接可以添加多个，中间用一个英文空格隔开；文字描述词之间可以用逗号隔开；文字描述词和后缀参数之间必须添加一个英文空格。

有时候我们需要对一个描述词进行权重划分，如果想让 cute 的权重更高，就在其后加一个英文的双冒号，然后在双冒号后面添加数字来修改。其默认权重是 1。

例：A cute :: 2 little dog

2. 常用的后缀参数

后缀参数基本结构是"后缀名+具体参数"，注意这里的后缀名和具体参数之间也要加一个英文空格。另外，注意书写正确，后缀名不能大写。主要有以下几种后缀参数。

🍭 --v：Midjourney现在默认还是 V4 版本，所以如果想要体验 V5 版本，就需要单独加后缀(如A cute little dog --v 5)。

🍭 --ar：这个参数不可以有小数点，比如【--ar 3.5：2】最好写成【--ar 350：200】。如果不添加此参数，则默认生成的图片比例为 1：1，V5 版本现在支持长宽比大于 2：1。

🍭 --c：这个参数可以影响默认生成的四张图之间的差异大小，数值范围是 0 ～ 100，数值越大，变化越大。

🔖 --niji：添加这个后缀，可以生成二次元动漫风的图片。

🔖 --no：不想让画面里出现什么就添加此后缀，然后在它的后面添加提示词，可以添加多个提示词，注意后缀名和提示词之间要加空格。

3.4 Stable Diffusion AI 绘画

Stable Diffusion是一个基于深度学习的文本到图像模型，主要用于生成以文本描述为条件的详细图像。Stable Diffusion是一种潜在扩散模型(Latent Diffusion Model)，这是一种深度生成的神经网络。不同于文心一格等网络平台的AI绘图工具，其代码和模型权重已经公开发布，可以在大多数配备有8GB VRAM的GPU上运行。

3.4.1 本地配置和启动

用户可以从官网上下载Stable Diffusion软件程序包，安装前需确保本地已安装Python环境，从Python官网下载Python解释器进行安装即可。

首先打开安装文件所在目录的文件夹，找到并双击【A 启动器.exe】图标，如图3-35所示。

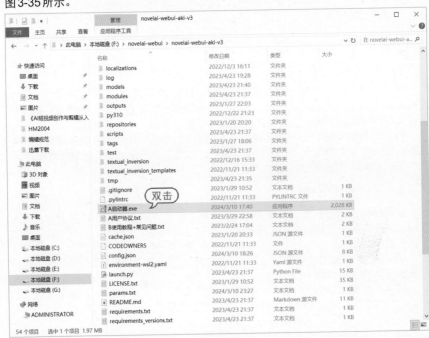

图 3-35

此时打开【绘世】启动器程序，在主界面中单击【一键启动】按钮，如图3-36所示。

图 3-36

将会打开命令行窗口并自动运行，耐心等待命令行运行完成，然后复制"Running on local URL:"后面的IP地址(此处为"http://127.0.0.1:7860")，作为Stable Diffusion的运行链接，如图3-37所示。

图 3-37

将该链接粘贴到浏览器中并打开，打开的窗口即为Stable Diffusion的操作界面，如图3-38所示。

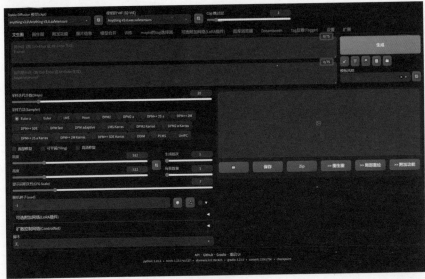

图 3-38

3.4.2 使用文生图

Stable Diffusion可以通过简单的文本描述生成精美生动的图像效果，简称"文生图"操作。

1. 快速文生图

首先在Stable Diffusion操作界面中的【文生图】标签页面中输入正面提示词(上方输入框)，再输入反向提示词(下方输入框)，如图3-39所示。

图 3-39

在【宽度】和【高度】文本框中输入数值，确定图片的分辨率大小；将【生成批次】和【每批数量】都设置为1，然后单击【生成】按钮，即可随机生成一张符合提示词的图片，如图3-40所示。

图 3-40

单击【保存】按钮即可使用浏览器下载该张图片至本地电脑中，如图3-41所示。

图 3-41

2. 设置采样迭代步数

采样迭代步数(Steps)是指输出画面需要的步数,其作用可以理解为"控制生成图像的精细程度",Steps值越高,生成的图像细节越丰富、精细。不过,提高Steps值的同时也会增加每个图像的生成时间,降低Steps值则可以加快生成速度。

在Stable Diffusion操作界面的【文生图】标签页面中输入相应的提示词,选择合适的采样方法,并将【采样迭代步数(Steps)】设置为5,单击【生成】按钮,可以看到生成的人物图像效果非常模糊,且面部不够完整,如图3-42所示。

图 3-42

将【采样迭代步数(Steps)】设置为30,其他参数保持不变,单击【生成】按钮,可以看到生成的图像非常清晰,如图3-43所示。

图 3-43

3．设置采样方法

采样的简单理解就是执行去噪的方式，Stable Diffusion中的20多种采样方法就相当于20多位画家，每种采样方法对图片的去噪方式都不一样。下面简单总结了一些常见采样方法的特点。

🔘 速度快：Euler系列、LMS系列、DPM++2M、DPM TaSt、DPM++2M Karras、DDIM系列。

🔘 质量高：Heun、PLMS、DPM++系列。

🔘 tag(标签)利用率高：DPM2系列、Euler系列。

🔘 动画风：LMS系列、UniPC。

🔘 写实风：DPM2系列、Euler系列、DPM++系列。

在上述采样方法中，推荐使用DPM++2M Karras，生成图片的速度快、效果好。

4．设置模型

Stable Diffusion 出图时非常依赖的一个关键因素是模型，出图的质量跟模型有着直接的关系。下面介绍几种常用的模型种类。

🔘 大模型：大模型是指那些经过训练以生成高质量、多样性和创新性图像的深度学习模型，这些模型通常由大型训练数据集和复杂的网络结构组成，能够生成与输入图像相关的各种风格和类型的图像。图3-44所示为【Stable Diffusion模型】下拉列表，其中显示的是用户本地电脑中已经安装好的大模型，用户可以在该下拉列表中选择想要使用的大模型。

🔘 VAE模型：Stable Diffusion的外挂VAE模型(Variational Auto-Encoder)是一种变分自编码器，它通过学习潜在表征来重建输入数据。VAE模型用于将图像编码为潜在向量，并从该向量解码图像以进行图像修复或微调。图3-45所示为【模型的VAE】下拉列表，其中显示的是用户本地电脑中已经安装好的VAE模型，用户可以在该下拉列表中选择想要使用的VAE模型。

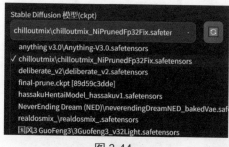

图 3-44

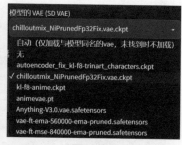

图 3-45

🔘 Lora模型：Lora的全称为Low-Rank Adaptation of Large Language Models，Lora取的就是Low-Rank Adaptation这几个单词的首字母，即大型语言模型的低阶适应。Lora通过冻结原始大语言模型，并在外部创建一个小型插件来进行微调，从而避免了直接修改原始大模型。这种方法既方便又快捷，而且插件式的特点使得它非常易于使用。在【生成】按钮的下方，单击【显示/隐藏扩展模型】按钮🔳，选择【Lora】标签选项卡，选择下方显示的Lora模型，如图3-46所示。

图 3-46

　　在Civitai、LiblibAI等网站中下载大模型或其他模型，并将其放置在对应的文件中，才能让Stable Diffusion识别到这些模型。一般将大模型放在安装文件夹中的【models】|【Stable-diffusion】文件夹中；Lora模型则放在【models】|【Lora】文件夹中。

3.4.3　使用图生图

　　图生图是一种基于深度学习技术的图像生成方法，它可以将一张图片通过转换得到另一张与之相关的新图片，这种技术广泛应用于计算机图形学、视觉艺术等领域。Stable Diffusion 的图生图功能允许用户输入一张图片，并通过添加文本描述的方式输出修改后的新图片。

　　重绘幅度(Denoising Strength)用于控制在图生图中重新绘制图像时的强度或程度，较小的参数值会生成较柔和、逐渐变化的图像效果，而较大的参数值则会产生变化强烈的图。

　　首先选择【图生图】选项卡，单击【点击上传】按钮，如图3-47所示，上传一张原图，在页面下方设置【重绘幅度】值为0.09，如图3-48所示。

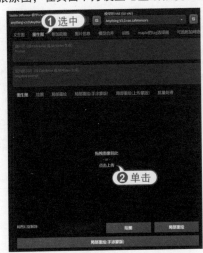

图 3-47

图 3-48

单击【生成】按钮，即可生成变化后的新图，但较小的【重绘幅度】值导致新图与原图几乎无差别，效果如图3-49所示。

图 3-49

当【重绘幅度】值低于0.5的时候，新图比较接近原图；当【重绘幅度】值超过0.7以后，则AI的自由创作力度就会变大。因此，用户可以根据需要调整【重绘幅度】值，以达到自己想要的特定效果。

比如可以利用较低的重绘幅度参数，通过循环图生图的方式，实现多次生成并逐渐修改图像风格的结果。

继续沿用如图3-48所示的原图，将【重绘幅度】值设置为0.09，生成如图3-49所示的新图。将新图拖至【图生图】选项卡中，即可将新图设置为图生图的重绘参考图，如图3-50所示。

继续单击【生成】按钮，以生成的新图为基础进行迭代，再次生成相应的新图，循环多次操作，可以看到图片的二次元风格变得更加明显，如图3-51所示。

图 3-50

图 3-51

第 4 章

使用图片生成视频

　　要将图片生成视频，最省事的方法就是为图片套用模板，让AI自动为图片添加动画、特效、音乐等元素来生成视频。本章将介绍使用剪映专业版、度加创作工具、必剪APP等快速将图片生成视频的操作方法。

4.1 使用剪映专业版生成视频

剪映专业版的"图文成片"功能默认情况下是由AI进行配图的，不过用户也可以自己准备好素材进行替换，生成内容更加精准的视频作品。此外，自带的模板功能可以为图片素材快速套用各种模板，从而生成美观的视频。

4.1.1 使用"图文成片"功能生成视频

使用"图文成片"功能生成视频时，可以选择视频的生成方式，比如使用本地素材进行生成，这样能够获得自己想要的视频效果，操作步骤如下。

扫一扫 看视频

01 打开剪映专业版，在首页单击【图文成片】按钮，如图4-1所示。

图 4-1

02 进入【图文成片】界面，选择【自由编辑文案】模式，输入视频文案，如图4-2所示。

03 单击【生成视频】按钮，在弹出的菜单中选择【使用本地素材】选项，如图4-3所示。

图 4-2

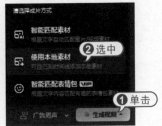

图 4-3

04 视频生成结束进入编辑界面，此时的视频只是一个框架，用户需要将自己的图片素材填充进去，单击界面中的【导入】按钮，如图4-4所示。

05 打开【请选择媒体资源】对话框，选中4张图片，然后单击【打开】按钮，如图4-5所示。

图 4-4   图 4-5

06 在编辑界面中选中导入的4张图片，拖曳到本来没有图像的字幕下方，然后依次拖动4段视频长度，以适合4段字幕的长度，编辑完成后，单击右上角的【导出】按钮，如图4-6所示。

图 4-6

07 打开【导出】对话框，设置【标题】以及【导出至】的保存位置，然后单击【导出】按钮，如图4-7所示。

08 导出视频后，打开保存的视频文件进行查看，如图4-8所示。

图 4-7

图 4-8

4.1.2 使用模板生成视频

剪映专业版提供了多种模板，方便用户快速生成视频。将有些模板视频中的图片替换为自己的图片，即可生成自己想要的视频效果，具体步骤如下。

扫一扫 看视频

01 打开剪映专业版，在首页中选择【模板】选项卡，然后在【模板】界面中选择一款模板，单击模板下的【使用模板】按钮，如图 4-9 所示。

图 4-9

70

02 打开编辑界面，选中视频，显示5张原视频的图片，单击第1张图片中的【替换】按钮，如图4-10所示。

图 4-10

03 打开【请选择媒体资源】对话框，选择1张图片，单击【打开】按钮，如图4-11所示。

图 4-11

04 使用相同的方法，替换其余4张图片，然后单击界面右上角的【导出】按钮，如图4-12所示。

图 4-12

05 在打开的对话框中设置视频名称和保存位置，然后单击【导出】按钮，如图4-13所示。

06 导出视频后，在保存位置中打开视频进行查看，如图4-14所示。

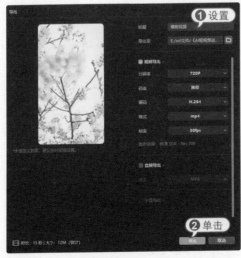

图 4-13

图 4-14

4.2 使用度加创作工具生成视频

度加创作工具是由百度出品的AIGC创作工具网站。度加致力于通过AI能力降低内容生产门槛，提升创作效率，引领跨时代的内容生产方式。度加的主要功能包括AI成片(图文成片或文字成片)等。

在浏览器搜索并进入度加创作工具官网，下面介绍使用度加创作工具AI成片的步骤。

01 登录后进入首页，单击【AI成片】按钮，如图4-15所示。

图 4-15

02 进入【输入文案成片】页面，输入文案(可使用ChatGPT生成文案)，然后单击【一键成片】按钮，如图4-16所示。

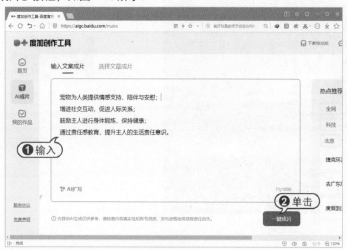

图 4-16

03 打开编辑页面,选中视频片段,选择【相关素材】选项卡,可以选择智能提供的图片,替换原视频中的图片,然后单击【发布视频】按钮,如图4-17所示。

图 4-17

04 打开【发布视频】页面,单击【生成视频】按钮,如图4-18所示。用户也可以选择发布在百家号网页上。

05 返回【我的作品】页面,显示正在生成的视频,如图4-19所示。

图 4-18

图 4-19

4.3 使用剪映 App 生成视频

剪映App即剪映在手机上的版本，它和电脑上的剪映专业版各有优势。利用剪映App上的"图文成片""一键成片"等功能，可以快速使用手机相册上的图片生成视频。

4.3.1 使用"一键成片"功能生成视频

剪映App 的"图文成片"功能和电脑上的剪映专业版的"图文成片"功能操作步骤基本一致，这里就不再复述。下面介绍使用剪映App 的"一键成片"功能生成视频的步骤。

扫一扫 看视频

01 打开剪映App，在首页点击【一键成片】按钮，如图4-20 所示。

02 进入【照片视频】界面，选择4张图片素材后点击【下一步】按钮，如图4-21 所示。

图 4-20

图 4-21

03 稍等片刻，进入【选择模板】界面，系统自动选择第1个模板并播放套用模板后的视频，点击【导出】按钮，如图4-22 所示。用户也可以选择更改模板选项。

04 打开【导出设置】对话框，点击【保存】按钮，如图4-23 所示。

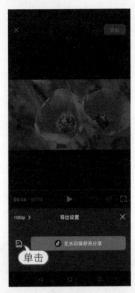

图 4-22   图 4-23

05 导出成功后,点击【完成】按钮,如图4-24所示。

06 返回剪映App首页,在【本地草稿】中显示生成的视频,如图4-25所示。

图 4-24   图 4-25

4.3.2 使用"剪同款"功能生成视频

扫一扫　看视频

使用剪映App 的"剪同款"功能,用户可以轻松套用视频模板,一键制作同款视频,具体步骤如下。

01 打开剪映App,点击底部的【剪同款】按钮,如图4-26所示。

02 在搜索框中输入关键字搜索模板,如图4-27所示。

图 4-26

图 4-27

03 选中一款模板,如图4-28所示。

04 点击【剪同款】按钮,如图4-29所示。

图 4-28

图 4-29

05 进入手机的照片视频库，选中1张女人的照片，该视频分为4段，点击一次即可，然后点击【下一步】按钮，如图4-30所示。

06 查看视频效果后，点击【导出】按钮，如图4-31所示。

图 4-30

图 4-31

07 点击【保存】按钮，将该视频保存，如图4-32所示。

08 在手机相册中播放并查看视频效果，如图4-33所示。

图 4-32

图 4-33

4.4 使用快影 App 生成视频

快影App即快手旗下的视频编辑软件，用户在手机上使用它的AI功能，可快速用图片生成有趣生动的视频。

4.4.1 使用"一键出片"功能生成视频

快影App的"一键出片"功能，会根据用户提供的素材智能匹配模板，用户选择喜欢的模板即可。

扫一扫 看视频

01 打开快影App，在首页中点击【一键出片】按钮，如图4-34所示。

02 进入【相册】界面，选中4张图片，然后点击【一键出片】按钮，如图4-35所示。

图 4-34

图 4-35

03 此时即可开始智能生成视频，稍等片刻，进入相应界面。用户可以在【模板】选项卡中选择喜欢的模板，例如选择一个卡点视频模板，然后点击【做好了】按钮，如图4-36所示。

04 进入【导出选项】界面，点击【导出】按钮⬇，如图4-37所示。

图 4-36 图 4-37

05 导出视频完毕后，点击【完成】按钮即可，如图4-38所示。

06 在手机相册中播放并查看视频效果，如图4-39所示。

图 4-38 图 4-39

4.4.2 使用"AI玩法"功能生成视频

使用快影App【剪同款】界面中的"AI玩法"功能，可以快速生成酷炫的视频效果。

01 打开快影App，在首页中点击【剪同款】按钮，如图4-40所示。

02 在打开的【剪同款】界面中点击【AI玩法】按钮，如图4-41所示。

图 4-40

图 4-41

03 进入【AI玩法】界面，选择【AI瞬息宇宙】选项卡，点击【导入图片变身】按钮，如图4-42所示。

04 进入【相机胶卷】界面，选择1张图片，点击【选好了】按钮，如图4-43所示。

图 4-42 图 4-43

05 选择一款模板后，点击【导出】按钮↓导出视频，如图4-44所示。

06 在手机相册中播放并查看视频效果，如图4-45所示。

图 4-44 图 4-45

4.5 使用必剪 App 生成视频

必剪App是B站(哔哩哔哩网站)旗下的视频编辑软件,在必剪App的【模板】界面中,用户可以搜索并选择模板,套用图片素材生成视频。此外,用户还可以在视频编辑界面中导入图片素材,运用"一键大片"功能快速生成视频。

4.5.1 套用模板生成视频

用户可以在必剪App的【模板】界面中进行搜索,找到喜欢的模板,这样能够节省寻找模板的时间,快速完成模板的套用。

扫一扫 看视频

01 打开必剪App,在首页中点击【模板】按钮,如图4-46所示。

02 进入【模板】界面,点击上面的搜索文本框,如图4-47所示。

图 4-46   图 4-47

03 输入"春日",搜索到相关模板,选择一款模板,如图4-48所示。

04 进入模板预览界面,查看模板效果,点击【剪同款】按钮,如图4-49所示。

图 4-48　　　　　　　　　　　　　图 4-49

05 进入【最近项目】界面，选择6张图片素材，点击【下一步】按钮，如图4-50所示。

06 生成视频后，预览视频效果，点击【导出】按钮，如图4-51所示。

图 4-50　　　　　　　　　　　　　图 4-51

07 导出视频后，视频将自动保存在手机上，用户也可以选择发布到B站上，如图4-52所示。

08 在手机相册中播放并查看视频效果，如图4-53所示。

图 4-52

图 4-53

4.5.2 使用"一键大片"功能生成视频

使用必剪App的"一键大片"功能，可以快速将图片素材生成视频，用户只需选择喜欢的模板即可。

01 打开必剪App，在首页中点击【开始创作】按钮，如图4-54所示。

02 进入【最近项目】界面，在【照片】选项卡中选择5张图片，然后点击【下一步】按钮，如图4-55所示。

扫一扫 看视频

图 4-54

图 4-55

03 ▶ 导入图片素材后，在工具栏中点击【一键大片】按钮，如图4-56所示。

04 ▶ 选择【旅行大片】模板，然后点击确认按钮✓，如图4-57所示。

图 4-56　　　　　　　　　图 4-57

05 ▶ 生成视频后，点击【导出】按钮导出视频，如图4-58所示。

06 ▶ 在手机相册中播放并查看视频效果，如图4-59所示。

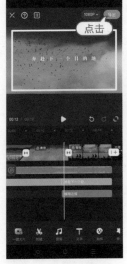

图 4-58　　　　　　　　　图 4-59

第5章

使用 AI 制作音乐与语音

完整的短视频，不仅需要精彩的画面，还需要动听的声音相伴。视频中的声音包括背景音乐、配音、旁白或对话等多种形式。本章将介绍如何利用AI音频生成技术快速为短视频创作出合适的背景音乐和配音文件。

5.1 生成背景音乐

背景音乐能塑造出特定的氛围和情感,选择合适的音乐能提升短视频的表现力和感染力。下面介绍使用剪映App、快影App等工具快速生成背景音乐的操作方法。

5.1.1 使用剪映 App 生成背景音乐

剪映可以自由调用自带的音乐库中不同类型的音乐素材,支持将抖音等平台中的音乐添加到剪辑中。

1. 从音乐库和抖音中选取音频

要在剪映音乐库中选取音乐,首先在剪辑视频的界面中未选中素材的状态下,点击【音频】按钮,然后继续点击【音乐】按钮,如图5-1和图5-2所示。

图 5-1 图 5-2

进入音乐素材库,里面对音乐进行了细分,用户可以根据音乐类别来挑选自己想要的音频,比如点击【旅行】按钮,进入该列表,点击想要选择的歌曲上的【使用】按钮即可插入该音频,如图5-3和图5-4所示。

图 5-3 图 5-4

剪映和抖音、西瓜视频等平台直接关联，支持在剪辑项目中添加抖音中的音乐。首先要登录抖音账号，打开剪映，点击【我的】按钮，如图5-5所示，点击【抖音登录】按钮，如图5-6所示，登录抖音的账号。

图 5-5

图 5-6

登录抖音账号以后，进入剪辑项目界面时，点击【音频】按钮后，就可以点击【抖音收藏】按钮，找到自己在抖音中收藏过的音乐并调用，如图5-7和图5-8所示。

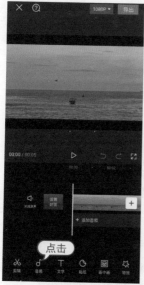

图 5-7

图 5-8

2. 导入本地音乐

要导入本地相册中的音乐，可以打开剪映音乐库，选择【导入音乐】选项卡，点击【本地音乐】按钮，然后在想要选择的音乐文件上点击【使用】按钮导入，如图5-9和图5-10所示。

图 5-9

图 5-10

5.1.2　使用快影 App 的"音乐 MV"功能

在快影App的【剪同款】界面中，用户可以使用"音乐MV"功能将喜欢的图片和歌曲制作成音乐歌词视频，具体的操作步骤如下。

扫一扫　看视频

01　打开快影App，在首页点击【剪同款】按钮，如图5-11所示。
02　进入【剪同款】界面，点击【音乐MV】按钮，如图5-12所示。

图 5-11

图 5-12

03 进入模板选择界面，界面下方有4类不同风格的音乐MV模板，用户可以根据喜好选择类别下的目标模板。选择模板后，用户可以更换音乐MV中的音乐，点击模板预览区中的【换音乐】按钮，如图5-13所示。

04 进入【音乐库】界面，选择【治愈】分类选项，如图5-14所示。

图 5-13

图 5-14

05 进入【热门分类】界面的【治愈】选项卡，选择目标音乐，拖曳时间轴，选取合适的音频起始位置后，点击目标音乐对应的【使用】按钮，如图5-15所示。

06 返回模板选择界面，点击【导入素材 生成MV】按钮，如图5-16所示。

图 5-15

图 5-16

07 进入【相机胶卷】界面,选择照片后点击【完成】按钮,如图5-17所示。

08 点击【做好了】按钮,然后在【导出选项】面板中点击导出按钮↓,如图5-18所示。

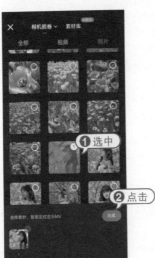

图 5-17

图 5-18

09 导出视频后,点击【完成】按钮,如图5-19所示。

10 在手机相册中播放并查看视频效果,如图5-20所示。

图 5-19

图 5-20

5.1.3 使用 ecrett music 生成原创音乐

ecrett music是一款基于人工智能技术的音乐作曲工具。使用ecrett music进行创作时，只需要从场景、情绪和类型中选择一个或多个选项，即可自动生成音乐。

在首页单击【CREATE MUSIC】按钮，如图5-21所示。

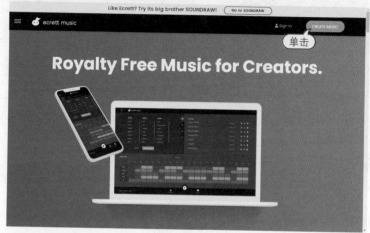

图 5-21

接着选择生成音频的场景、情绪和流派。进入音乐创作页面，首先在【SCENE】下方选择音乐的应用场景【Travel】，然后在【MOOD】下方选择音乐表达的情绪【Happy】，接着在【GENRE】下方选择流派【Hip Hop】，如图5-22所示。

图 5-22

接着设置音乐时长。单击时长下拉按钮，在展开的下拉列表中选择音乐时长，然后单击【CREATE MUSIC】按钮，如图5-23所示。

图 5-23

稍等片刻，ecrett music将根据设置自动生成音乐，单击页面下方的【Download】按钮，即可下载该原创音乐作为视频背景音乐素材。

5.2 编辑视频中的音频

剪映App为短视频创作者提供了比较完善的音频处理功能，支持创作者在剪辑项目中对音频素材进行添加音效、音量个性化调节以及智能自动卡点等设置。

5.2.1 添加音效

当出现和视频画面相符的音效时，会大大增加视频代入感。剪映的音乐库中提供了丰富的音效选项，方便用户使用。

在视频剪辑页面中不选中视频素材，将时间轴定位在需要添加音效的时间点，点击【音频】按钮，如图5-24所示。在打开的界面中点击【音效】按钮，如图5-25所示。

图 5-24

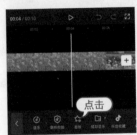

图 5-25

此时将打开音效选项栏，分别有【笑声】【综艺】【机械】【BGM】【人声】等不同类别的音效，同添加音乐的方法一致，选中音效后，点击【使用】按钮即可，如图5-26和图5-27所示。

图 5-26

图 5-27

5.2.2　调节音量

为视频添加了音乐、音效或配音后，可能会出现音量过大或过小的情况，为了满足不同需求，添加音频素材后，可以对其音量进行自由调整。

在轨道区域中选择音频素材，点击【音量】按钮，如图5-28所示。拖动滑块调整音量大小，如图5-29所示。

图 5-28

图 5-29

如果要完全静音，可调整音量为0，或者将整个音频素材删除即可。如果视频素材本身就自带声音且已混为一体，要想完全静音，则需要在初始界面中点击视频轨道左侧的【关闭原声】按钮，即可实现视频静音，如图5-30所示。

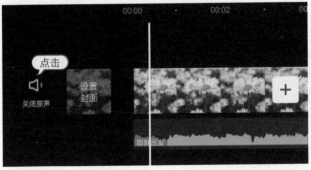

图 5-30

5.2.3 音频淡入淡出处理

调整音量只能整体提高或降低音频声音的高低，若要形成由弱到强或由强到弱的音量效果，需要使用音频淡入和淡出处理。

01 在剪映中导入一个视频素材，点击【关闭原声】按钮关闭视频音乐，如图5-31所示。

02 关闭原声后，点击【音频】按钮，如图5-32所示。

扫一扫　看视频

图 5-31

图 5-32

03 在打开的界面中点击【音乐】按钮，如图5-33所示。

04 进入剪映音乐库，点击【浪漫】图标，如图5-34所示。

图 5-33

图 5-34

05 在【浪漫】歌曲界面选中一首歌曲，点击【使用】按钮，如图 5-35 所示。

06 添加音乐轨道，调整视频和音频时长一致，如图 5-36 所示。

图 5-35

图 5-36

07 选中音乐素材，将时间轴定位在第 12 秒处，点击【分割】按钮，如图 5-37 所示。

08 将音频分割为 2 段音频，选中第 1 段音频，点击【淡化】按钮，如图 5-38 所示。

图 5-37

图 5-38

09 调整滑块设置【淡入时长】和【淡出时长】均为1.5秒，点击✓按钮确认，如图5-39所示。

10 使用相同的方法设置第2段音频的淡入和淡出，如图5-40所示。

图 5-39

图 5-40

11 在音频轨道中可以看到起始和结束位置都出现了淡化效果，点击【导出】按钮导出视频，如图5-41所示。

12 在手机相册中播放导出的视频，如图5-42所示。

图 5-41

图 5-42

5.2.4　音乐自动踩点

音乐卡点视频是如今各大短视频平台上比较热门的视频，通过后期处理，将视频画面的每一次转换与音乐鼓点相匹配，整个画面变得节奏感极强。剪映App推出了"踩点"功能，不仅支持手动标记节奏点，还能快速分析背景音乐，自动生成节奏标记点。

扫一扫　看视频

创作者可以边试听音频效果，边手动标记踩点。首先选中视频或音乐素材，点击【踩点】按钮，如图5-43所示。将时间轴定位至需要进行标记的时间点上，然后点击【添加点】按钮，如图5-44所示。

图 5-43

图 5-44

　　此时在时间轴所处位置添加一个黄色的标记点，如果对添加的标记不满意，点击【删除点】按钮即可将标记删除，如图5-45所示。

　　标记点添加完成后，点击☑按钮确认，此时在轨道区域中可以看到刚刚添加的标记点，如图5-46所示，根据标记点所处位置可以轻松地对视频进行剪辑，完成卡点视频的制作。

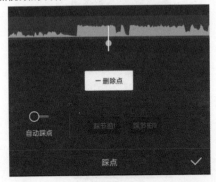
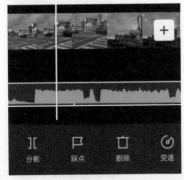

图 5-45 　　　　　　　　　　　　　　图 5-46

　　对比手动踩点，自动踩点功能更加方便、高效和准确，因此更建议用户使用自动踩点的方法来制作卡点视频。

01 在剪映中导入多张图片素材，不选中素材，点击【音频】按钮，如图5-47所示。

02 在打开的界面中点击【音乐】按钮，如图5-48所示。

图 5-47 　　　　　　　　　　　　　　图 5-48

03 进入音乐库，点击【卡点】图标，此类的音乐节奏比较强烈，如图5-49所示。

04 选择一首歌曲，点击【使用】按钮，如图5-50所示。

图 5-49

图 5-50

05 选中添加的音乐轨道，点击【踩点】按钮，如图5-51所示。

06 点击打开【自动踩点】开关，如图5-52所示。

图 5-51   图 5-52

07 弹出对话框，点击【添加踩点】按钮，如图5-53所示。

08 选中【踩节拍1】选项，此时显示黄色踩点，点击✓按钮确认，如图5-54所示。

图 5-53

图 5-54

09 选中第1段视频素材，拖曳其右侧的白色拉杆，使其与音频轨道上的第2个节拍点对齐，调整第1段视频轨道的时长，如图5-55所示。

10 采用同样的操作方法，调整第2段和第3段视频轨道的时长，并删除多余的音频轨道，如图5-56所示。

图 5-55

图 5-56

11 将时间轴拖至开头，点击【特效】按钮，如图5-57所示。

12 点击【画面特效】按钮，如图5-58所示。

图 5-57　　　　　　　　　　　图 5-58

13 选中【氛围】|【光斑飘落】效果，点击✓按钮确认，如图5-59所示。

14 拖曳特效轨道，调整至和第2个节拍点对齐，如图5-60所示。

图 5-59

图 5-60

15 返回至上一界面,将时间轴拖至第2段视频开头,点击【人物特效】按钮,如图5-61所示。

16 选中【装饰】|【破碎的心】特效,然后点击【调整参数】文字,如图5-62所示。

图 5-61 图 5-62

17 设置特效参数,然后点击✔按钮确认,如图5-63所示。

18 拖曳特效轨道,调整至和第3个节拍点对齐,如图5-64所示。

图 5-63 图 5-64

19 返回至上一界面，将时间轴拖至第3段视频开头，点击【画面特效】按钮，如图5-65所示。

20 选中【氛围】|【水彩晕染】特效，点击✓按钮确认，如图5-66所示。

图 5-65

图 5-66

21 拖曳特效轨道，调整至和最后一个节拍点对齐，最后导出视频，如图5-67所示。

22 在手机相册中查看视频效果，如图5-68所示。

图 5-67

图 5-68

5.3　生成拟人语音

借助AI工具，可以将文字转化为逼真拟人的语音，为短视频添加生动的配音。下面将介绍使用魔音工坊及剪映专业版制作拟人配音。

5.3.1　使用魔音工坊生成语音

魔音工坊是一个功能强大的语音合成工具，支持多种语言和多种语音风格，可以帮助用户快速制作高质量的语音内容。

01 打开魔音工坊首页，单击【软件配音】标签，如图5-69所示。

02 进入【文案配音】页面，首先单击【展开】按钮将发音人面板收起，然后在空白文本框内输入文案，如图5-70所示。

扫一扫　看视频

图 5-69

图 5-70

03 单击【展开】按钮，展开发音人面板，在面板左侧选择【男声】，根据视频内容选择【百科】，在下方可以选择配音师，如图5-71所示。

04 然后在面板右侧选择【男孩儿】，拖动下方的【语速】滑块，调整语音速度，单击面板上方的人像【播放】按钮即可试听配音效果，如图5-72所示。

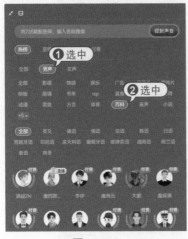

图 5-71

图 5-72

05 这里还可以添加停顿效果，首先将插入点置于要添加停顿效果的位置，单击工具栏中的【停顿调节】按钮，在弹出的浮动工具栏中设置停顿时长为【中】，如图5-73所示。

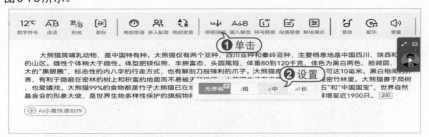

图 5-73

06 设置完毕后单击【配音】按钮，如图5-74所示。

图 5-74

07 打开【配音清单】对话框，单击【会员免费合成】按钮，如图5-75所示。

08 生成音频后单击【播放】按钮⊙可以试听效果，单击【下载音频】按钮，在弹出的菜单中选择音频格式，这里选择MP3格式，单击【确定】按钮，如图5-76所示，即可下载生成的音频。

图 5-75　　　　　　　　　　　　　　图 5-76

5.3.2 使用剪映专业版 AI 配音

剪映专业版拥有全面的视频编辑功能，可以充分满足用户在剪辑影视解说类短视频时的需求。剪映专业版可以使用"朗读"功能，根据文本快速生成配音音频。

01 打开剪映专业版，单击【开始创作】按钮，如图5-77所示。

图 5-77

02 选择【文本】功能区的【新建文本】选项卡，单击【默认文本】右下角的【添加到轨道】按钮，如图5-78所示，将在轨道上添加一段默认文本。

03 在右侧【文本】操作区的文本框中输入文案，如图5-79所示。

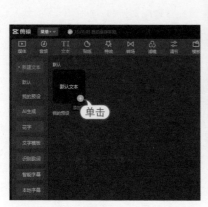

图 5-78

图 5-79

04 切换至【朗读】操作区，选择【译制片男】音色后，单击【开始朗读】按钮，如图5-80所示。

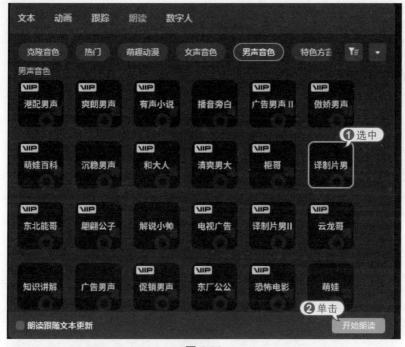

图 5-80

05 此时即可开始进行AI配音，并生成对应的音频轨道，然后单击【导出】按钮，如图5-81所示。

图 5-81

06 打开【导出】对话框，单击【导出至】右侧的■按钮，如图5-82所示。

07 打开【请选择导出路径】对话框，选择视频的导出路径，然后单击【选择文件夹】按钮，如图5-83所示。

图 5-82

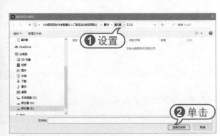

图 5-83

08 将标题设置为"配音"，单击【导出】按钮，如图5-84所示。

09 导出视频完毕后，单击【关闭】按钮，如图5-85所示。

图 5-84

图 5-85

第6章

使用视频生成视频

如果不想在剪辑短视频上花太多功夫，用户可以借助AI，用素材视频自动生成视频。本章将介绍剪映专业版、美图秀秀App、快影App等工具，利用视频自动生成视频的操作方法。

6.1 使用剪映专业版制作同款视频

剪映专业版的"模板"功能非常强大，用户只需要选择喜欢的视频模板，然后导入相应的视频素材，即可生成同款视频。

6.1.1 使用视频模板

在【模板】面板中挑选视频模板时，可以通过设置筛选条件来找到需要的模板，以提高挑选模板的效率，具体操作步骤如下。

扫一扫　看视频

01 打开剪映专业版，在首页选择【模板】标签，如图6-1所示。

图 6-1

02 进入【模板】界面，单击【画幅比例】选项右侧的下拉按钮，在弹出的下拉列表中选择【横屏】选项，使用相同的方法，设置【片段数量】为1、【模板时长】为0~15秒，如图6-2所示。

图 6-2

03 切换至【旅行】选项卡，选择喜欢的视频模板，单击【使用模板】按钮，如图6-3所示。

图 6-3

04 稍等片刻，即可进入模板编辑界面。在视频轨道上单击素材缩略图中的【替换】按钮，如图6-4所示。

图 6-4

05 打开【请选择媒体资源】对话框，选择目标视频素材后，单击【打开】按钮，如图6-5所示。

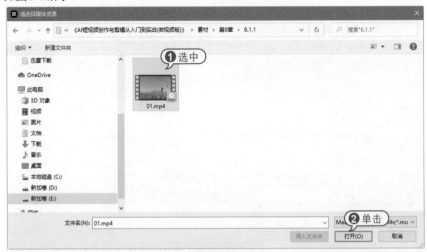

图 6-5

06 素材导入完成后，用户可以在【播放器】面板中查看生成的视频效果，如果觉得满意，单击界面右上角的【导出】按钮，如图6-6所示。

图 6-6

07 打开【导出】对话框，输入标题，单击【导出至】右侧的 按钮，如图6-7所示。

08 打开【请选择导出路径】对话框，选择导出视频的保存路径，单击【选择文件夹】按钮，如图6-8所示。

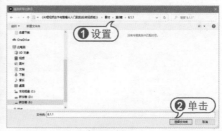

图 6-7　　　　　　　　　　　　　　　　　图 6-8

09 返回【导出】对话框，单击【导出】按钮导出视频，在保存路径中查看并播放视频文件，如图6-9所示。

图 6-9

6.1.2　使用素材包完善视频

素材包是剪映提供的一种局部模板，通常包括特效、音频、文字、滤镜等素材。相比于完整的视频模板，素材包的时长通常比较短，更适合用来制作片头、片尾等，具体操作步骤如下。

01 打开剪映专业版，在首页中单击【开始创作】按钮，如图6-10所示。

扫一扫　看视频

图 6-10

02 打开编辑界面，单击【导入】按钮，如图6-11所示。

03 打开【请选择媒体资源】对话框，选择视频文件，单击【打开】按钮，如图6-12所示。

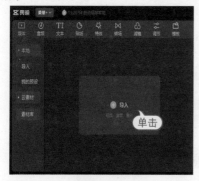

图 6-11

图 6-12

04 此时添加一段视频素材，将其拖入到下方的视频轨道中，如图6-13所示。

图 6-13

05 切换至【模板】功能区，展开【素材包】|【片头】选项卡，单击目标素材包右下角的【添加到轨道】按钮，如图6-14所示，为视频添加片头素材包。

图 6-14

06 使用鼠标拖动调整素材包的音轨、字幕等时长，如图6-15所示。

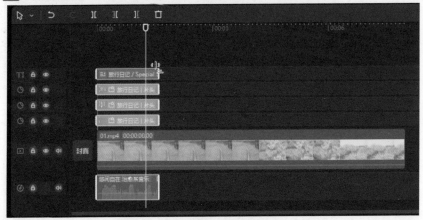

图 6-15

07 在【模板】功能区中展开【素材包】|【片尾】选项卡，单击目标素材包右下角的【添加到轨道】按钮，如图6-16所示，为视频添加片尾素材包。

图 6-16

08 使用鼠标拖动调整素材包的音轨、字幕等时长至合适位置，如图6-17所示。

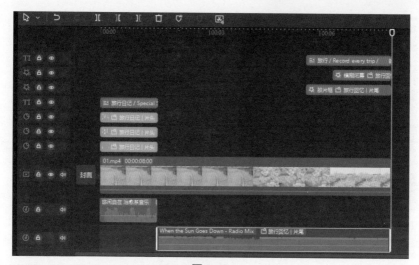

图 6-17

09 用户可以在中间的【播放器】面板中播放生成的视频效果，如果觉得满意，单击界面右上角的【导出】按钮，如图6-18所示。

图 6-18

10 打开【导出】对话框，输入标题，单击【导出至】右侧的 □ 按钮，如图6-19所示。

11 打开【请选择导出路径】对话框，选择导出视频的保存路径，单击【选择文件夹】按钮，如图6-20所示。

119

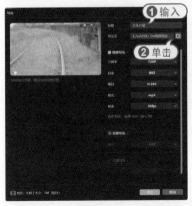

图 6-19   图 6-20

09 返回【导出】对话框,单击【导出】按钮导出视频,在保存路径中查看并播放视频文件,如图6-21所示。

图 6-21

6.2　使用美图秀秀 App 生成视频

美图秀秀App作为一款强大的图像处理软件,除了能帮助用户轻松完成图片编辑工作,还提供了实用的视频编辑功能。其中,"一键大片"和"视频配方"功能可以满足用户AI视频创作的需求，用户只需完成导入视频素材和选择模板两步，AI就会自动完成模板的套用，生成新视频。

6.2.1　使用"一键大片"功能生成视频

用户将视频素材导入视频轨道中，在【一键大片】面板中选择合适的模板，AI会自动完成素材的包装，具体操作步骤如下。

扫一扫　看视频

01 打开美图秀秀App，在首页点击【视频剪辑】按钮，如图6-22所示。

02 进入【图片视频】界面，选择视频素材，点击【开始编辑】按钮，如图6-23所示。

图 6-22

图 6-23

03 在界面下方的工具栏中，点击【一键大片】按钮，如图6-24所示。

04 在弹出的【一键大片】面板中，选择喜欢的模板，然后点击确认按钮✅，如图6-25所示。

图 6-24　　　　　　　　　　　　　图 6-25

05 在界面下方的工具栏中，点击【滤镜】按钮，如图6-26所示。

06 在【滤镜】面板中选择滤镜，然后点击确认按钮 ✔，，如图6-27所示。

图 6-26　　　　　　　　　　　　　图 6-27

07 点击界面右上方【保存】按钮旁的下拉按钮，在弹出的下拉菜单中设置视频的分辨率和帧率，然后点击【保存到相册】按钮，如图6-28所示。

08 保存完毕后，还可以将视频发布到抖音、小红书等平台上，如图6-29所示。

图 6-28

图 6-29

6.2.2 使用"视频配方"功能生成视频

在【视频配方】界面中，用户可以先选择喜欢的视频模板，再在【图片视频】界面中添加素材，从而生成视频，具体步骤如下。

01 打开美图秀秀App，在首页点击【视频剪辑】按钮，如图6-30所示。

02 进入【图片视频】界面，选择【视频配方】选项卡，选择一款模板，如图6-31所示。

扫一扫 看视频

图 6-30

图 6-31

03 进入模板预览界面，点击界面右下角的【使用配方】按钮，如图6-32所示。

04 进入【图片视频】界面，选择相应的视频素材，点击【选好了】按钮，如图6-33所示，即可开始生成视频。

图 6-32   图 6-33

05 生成结束后，进入效果预览界面，点击界面右上角的【保存】按钮，即可将视频保存到手机相册中，如图6-34所示。

06 在手机相册中播放并查看视频效果，如图6-35所示。

图 6-34   图 6-35

6.3　使用快影 App 生成视频

快影App的AI功能不仅能用图片生成视频，也可以用视频素材快速生成创意十足的视频。

6.3.1　使用"一键出片"功能生成视频

快影App的"一键出片"功能，会根据用户提供的视频素材智能匹配模板，用户选择喜欢的模板即可。

01 打开快影App，在首页中点击【一键出片】按钮，如图6-36所示。

02 选择【相册】|【视频】界面，选中一个视频，然后点击【一键出片】按钮，如图6-37所示。

图 6-36

图 6-37

03 执行操作后，即可开始智能生成视频，稍等片刻，进入相应界面。用户可以在【模板】选项卡中选择喜欢的模板，例如选择一个卡点视频模板，然后点击【做好了】按钮，如图6-38所示。

04 进入【导出选项】界面，点击【无水印导出并分享】按钮，如图6-39所示。

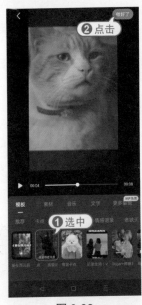

图 6-38   图 6-39

05 稍等片刻自动进入快手App界面,单击【下一步】按钮,如图6-40所示。

06 点击【发布】按钮即可将该视频发布在快手上,如图6-41所示。

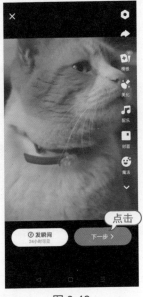

图 6-40   图 6-41

6.3.2 使用"剪同款"功能生成视频

使用快影App的"剪同款"功能，可以使用视频素材快速生成视频。

01 打开快影App，在首页中点击【剪同款】按钮，如图6-42所示。

02 在【剪同款】界面中选择模板中的一款，如图6-43所示。

图 6-42

图 6-43

03 进入模板预览界面，点击【制作同款】按钮，如图6-44所示。

04 选择相应的视频素材，点击【选好了】按钮，如图6-45所示。

图 6-44

图 6-45

05 生成视频后，点击【做好了】按钮，如图6-46所示。

06 进入【导出选项】界面，点击导出按钮⬇，导出视频到手机，如图6-47所示。

图 6-46

图 6-47

第7章

使用腾讯智影 AI 创作短视频

腾讯智影提供了很多强大的AI功能，可以帮助用户完成对各类素材的生成和编辑。本章将介绍腾讯智影的各种AI工具及其功能，以及完整且智能化制作短视频的操作方法。

7.1 使用 AI 绘画和 AI 配音

腾讯智影除了在"文章转视频"功能中配置了AI创作功能，还提供了AI绘画和AI文本配音等工具，帮助用户快速完成素材的准备工作。

7.1.1 使用 AI 绘画生成图片

当用户在寻找制作视频的图片素材时，可以使用"AI绘画"功能，直接输入关键词，就能生成视频所需的素材。

01 登录【腾讯智影】首页，单击【AI绘画】按钮，如图7-1所示。 扫一扫 看视频

图 7-1

02 进入【AI绘画】页面，在【画面描述】下方的文本框中输入关键词，如图7-2所示。

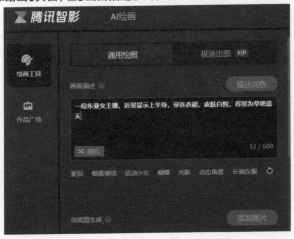

图 7-2

03 设置【模型主题】为【高清写实】，【画面比例】为【3：4】，如图7-3所示。

04 设置【效果预设】中的选项，然后调整生成数量为4，设置完毕后单击【生成绘画】按钮，如图7-4所示。

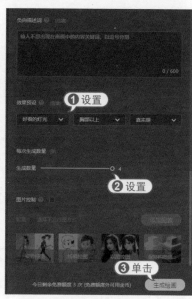

图 7-3　　　　　　　　　　　　　　　　图 7-4

05 稍等片刻，页面右侧显示生成的4张图片，可以选择一张查看，并单击图片下方浮现工具栏中的【下载】按钮，将该图片下载到本地电脑中，如图7-5所示。

图 7-5

7.1.2 AI 文本配音

如果用户需要将文本变成音频，又不想自己录音，就可以运用"文本配音"功能让AI完成配音工作，具体操作步骤如下。

01 登录【腾讯智影】首页，单击【文本配音】链接，如图7-6所示。

扫一扫 看视频

图 7-6

02 进入相关页面，在文本框中输入关键词，点击【创作文章】按钮，即可通过AI创作文案，如图7-7所示。

图 7-7

03 选择左侧的配音音色头像，单击【试听】按钮可以试听配音内容，最后单击【生成音频】按钮，如图7-8所示。

图 7-8

04 此时开始进行配音，并跳转至【我的资源】页面，可以查看配音的生成进度，生成结束后，单击下载按钮，即可将音频文件下载到本地电脑中，如图7-9所示。

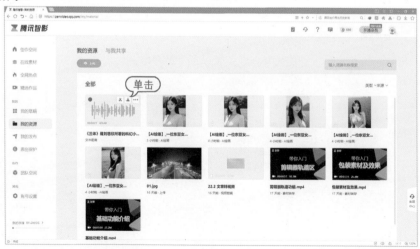

图 7-9

7.1.3 制作简介视频

可以将7.1.2小节制作的音频文件转为字幕文字，并添加在线视频素材，制作一个影视简介的短视频。具体操作步骤如下。

01 登录【腾讯智影】首页，单击【字幕识别】链接，如图7-10所示。

扫一扫 看视频

图 7-10

02 打开【字幕识别】页面，选择【自动识别字幕】选项，如图7-11所示。

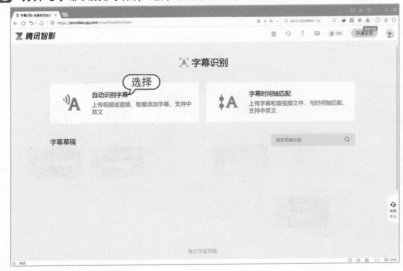

图 7-11

03 在打开的页面中单击【添加音视频】区域内的【我的资源】按钮，如图7-12所示。

图 7-12

04 选中【我的资源】中做好的音频文件，然后单击【选好了】按钮，如图7-13所示。

图 7-13

05 返回上一个界面，单击【生成字幕】按钮，如图7-14所示。

图 7-14

06 此时生成字幕，完成后单击【查看】链接，如图7-15所示。

图 7-15

07 进入编辑界面，此时生成了音轨和字幕两条轨道，还需要视频素材。在界面左侧选中【在线素材】选项卡，搜索在线素材，例如输入关键字"三体"，找到《三体》电视剧(腾讯自家版权)，单击该图标，如图7-16所示。

图 7-16

08 选中第1集,单击浮现在缩略图上的 **+** 按钮,可添加视频到轨道上,如图7-17所示。

图 7-17

09 拖曳视频轨道头尾，调整视频长度；在播放界面中拖曳视频控制点，调整视频长宽，设置完毕后单击界面右上方的【合成】按钮，如图7-18所示。

图 7-18

10 打开【合成设置】对话框，设置分辨率等选项，单击【合成】按钮，如图7-19所示。

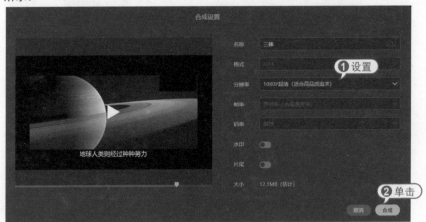

图 7-19

11 跳转至【我的资源】界面，合成视频完毕。由于是腾讯版权视频，不提供下载到本地的服务，可在线查看，如图7-20所示。

图 7-20

7.2 腾讯影音的智能化功能

腾讯影音还提供了多种AI功能，以便用户更加高效地处理素材。下面介绍"智能抹除""智能转比例"等几种处理视频的方法。

7.2.1 使用"智能抹除"功能去除字幕

运用"智能抹除"功能，用户可以选择性地抹除视频中的字幕或水印，避免文字影响画面的整体美观。

首先在腾讯影音的首页中单击【智能抹除】链接，如图7-21所示。

进入【智能涂抹】页面，单击【本地上传】按钮，如图7-22所示。在打开的【打开】对话框中选择要编辑的视频文件，然后单击【打开】按钮，如图7-23所示。

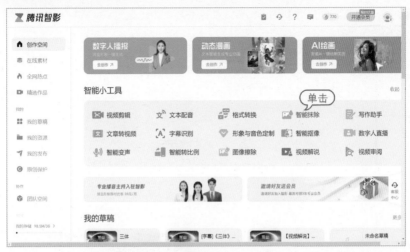

图 7-21

图 7-22

图 7-23

在【智能抹除】页面的视频预览区域中，调整绿色水印框的位置和大小，使其框选住水印文字，设置好需要抹除的内容后，单击【确定】按钮，如图7-24所示。

执行操作后，即可开始进行抹除处理，自动抹除框选的文字内容，稍等片刻，用户可以在【我的资源】页面中查看处理好的视频效果，还可以将视频下载到本地电脑中。

图 7-24

7.2.2 使用"智能转比例"功能更改视频比例

腾讯智影的"智能转比例"功能提供了9:16、3:4和1:1的视频比例,用户上传视频素材后进行选择,即可自动进行转换。

首先在腾讯智影的首页中单击【智能转比例】链接,如图7-25所示。

图 7-25

进入【智能转比例】页面，单击【本地上传】按钮，如图7-26所示。

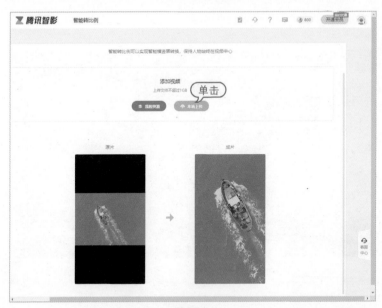

图 7-26

在弹出的【打开】对话框中选择视频素材，单击【打开】按钮，即可上传视频素材，如图7-27所示。

图 7-27

此时显示原视频比例为9：16，如图7-28所示。

图 7-28

选中【1：1】单选按钮，然后单击【确定】按钮，如图7-29所示。

图 7-29

此时即可开始进行AI处理，系统会自动将视频比例改为1：1，稍等片刻，用户可以在【我的资源】页面中查看处理好的视频效果，还可以将视频下载到本地电脑中。

7.2.3 使用"视频解说"功能生成解说类视频

腾讯智影的"视频解说"功能，能够为视频素材添加脚本，并自动生成配音，适合影视解说、广告宣传等短视频制作。

01 在腾讯智影的首页中单击【视频解说】链接，如图7-30所示。

图 7-30

02 在打开的【解说脚本】页面中，单击【新建脚本】按钮，如图7-31所示。

图 7-31

03 在打开的【在线素材】页面中，选择一部腾讯版权剧集，单击【开始创作】按钮，如图7-32所示。

04 打开所有分集链接，单击第1集的链接，如图7-33所示。

图 7-32

图 7-33

05 截取第1集中片段作为视频素材，首先单击【打入点】按钮，将播放条放置在合适位置，作为视频素材的开头，如图7-34所示。

图 7-34

06 单击【打出点】按钮，将播放条放置在合适位置，作为视频素材的结束，然后单击【添加至脚本1】按钮，如图7-35所示。

图 7-35

07 在【解说脚本】文本框中编写第一条解说文案，编写完毕后单击【下一步】按钮，如图7-36所示。

图 7-36

08 选择一个合适的AI配音，然后单击【生成】按钮，如图7-37所示。

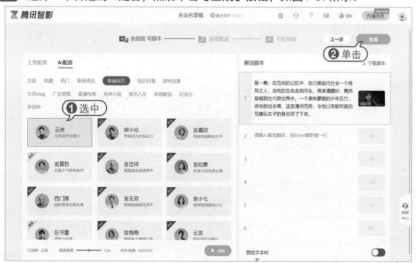

图 7-37

09 此时跳转至【剪辑草稿】页面，等待系统生成视频，生成完毕后，单击缩略图中的【查看】链接，如图7-38所示。

图 7-38

10 打开视频编辑界面，调整轨道中的视频、字幕、语音等，最后单击【合成】按钮合成视频，如图7-39所示。

图 7-39

第 8 章

使用一帧秒创 AI 创作短视频

　　一帧秒创作为一个AI内容生成平台，可以帮助用户完成对各类视频素材的生成和编辑。本章将介绍一帧秒创的各种AI工具及其功能的运用。

8.1 AI 创作生成视频素材

使用一帧秒创的"AI帮写""AI作画""文字转视频"等功能,可以快速生成视频或者视频需要的相关素材。

8.1.1 使用"文字转视频"功能

当用户需要制作文案,并用文案生成视频,可以使用一帧秒创的"文字转视频"功能进行操作。

01 登录【一帧秒创】首页,单击【文字转视频】按钮,如图8-1所示。

扫一扫 看视频

图 8-1

02 进入【图文转视频】页面,在文本框中输入文案(或者启用文本框中的【AI帮写】功能智能输出文案),保持默认选项,单击【下一步】按钮,如图8-2所示。

图 8-2

03 进入【编辑文稿】页面，文案将自动分行，用户也可以根据需要对其进行编辑，然后单击【下一步】按钮，如图8-3所示。

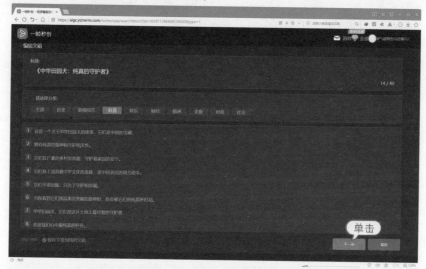

图 8-3

04 进入视频编辑页面，查看文本、配音、视频内容，用户可以替换或编辑其中的内容，然后单击【生成视频】按钮，如图8-4所示。

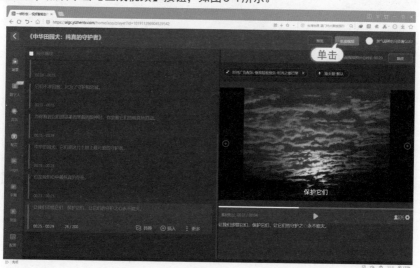

图 8-4

05 进入【生成视频】页面，单击【生成视频】按钮，如图8-5所示。

图 8-5

06 跳转至【我的作品】页面，稍等片刻，视频生成完毕，用户可以选择下载视频或生成链接等操作，如图8-6所示。

图 8-6

8.1.2 使用"AI作画"功能

用户在使用"AI作画"功能进行创作时，除了输入关键词，还可以设置修饰词、参考图、绘画风格、艺术家、图像比例和智能优化等，让绘画作品更加美观。

扫一扫 看视频

01 登录【一帧秒创】首页，单击【AI作画】按钮，如图8-7所示。

图 8-7

02 进入【创作】页面，在【画面描述】下方的输入框中输入关键词，在【添加修饰词】选项区域中单击【展开】按钮，如图8-8所示。

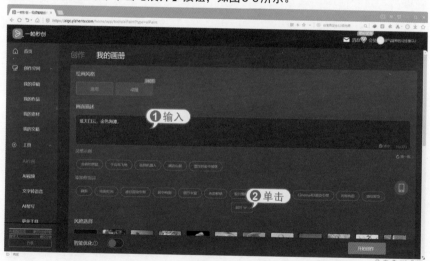

图 8-8

03 此时即可展开所有修饰词，依次单击【细节丰富】选项、【色彩鲜艳】选项、【4K】选项，将会自动在文本框中添加这3个修饰词，如图8-9所示。

图 8-9

04 在【风格选择】区域中,选择【漫画】选项;在【艺术家选择】区域中,选择【吉卜力工作室】选项;在【图像比例】区域中,选择【横图】选项。设置完毕后单击【开始创作】按钮,如图8-10所示。

图 8-10

05 此时在页面中显示生成图片的缩略图,如图8-11所示,用户可以选择下载图片等后续操作。

图 8-11

8.1.3 使用"AI视频"功能

【一帧秒创】的"AI视频"功能,可以帮助图文创作者快速实现从文案到视频的制作,无须剪辑,实现一键全自动文章转视频、图文转视频,以快速制作短视频。具体操作步骤如下。

01 登录【一帧秒创】首页,单击【AI视频】按钮,如图8-12所示。

扫一扫 看视频

图 8-12

02 打开【AI视频】页面，在文本框内输入关键词句，单击【生成视频】按钮，如图8-13所示。

图 8-13

03 稍等片刻，视频生成完成后，单击视频缩略图中的播放按钮，如图8-14所示。

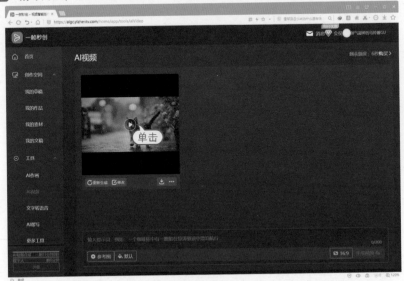

图 8-14

04 在打开的【编辑视频内容】的界面中，可以设置标题等选项，这里保持默认设置，单击【保存】按钮，如图8-15所示。

图 8-15

05 返回上一个界面，单击视频缩略图中的下载按钮 ⬇，可将视频文件保存到本地电脑中。

8.2 一帧秒创的智能化功能

【一帧秒创】还提供了多种AI功能，以便用户更加高效地处理素材。下面介绍"文字转语音""链接转视频"等几种处理视频的方法。

8.2.1 使用"文字转语音"功能生成配音

【一帧秒创】的"文字转语音"功能可以帮助用户快速生成AI配音音频，还支持设置配音音色、语速和音量等参数，从而优化音频效果。

打开Word文案文档，全选文本内容，在文本上单击鼠标右键，在弹出的快捷菜单中选择【复制】命令，如图8-16所示。

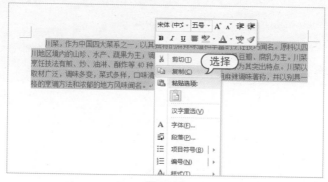

图 8-16

157

登录【一帧秒创】首页,单击【文字转语音】按钮,如图8-17所示。

图 8-17

进入【文字转语音】页面,将复制的文本粘贴在输入框中,单击配音音色头像,如图8-18所示。

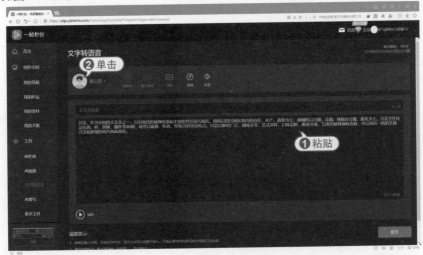

图 8-18

在弹出的【选择声音】面板中,选择合适的音色,单击下方的【使用】按钮,即可选择配音的声音,如图8-19所示。

图 8-19

返回【文字转语音】页面，单击右下角的【提交】按钮，即可开始进行转换，如图8-20所示。

图 8-20

提交成功后，在页面中单击【去看看】按钮，如图8-21所示。

图 8-21

跳转至【我的素材】页面，显示生成的音频文件缩略图，单击【下载】按钮可以将音频文件保存到本地电脑中，如图8-22所示。

图 8-22

8.2.2 使用"链接转视频"功能生成视频

【一帧秒创】的"链接转视频"功能是指AI识别网页链接中的文章语义、断句等，智能匹配画面并生成AI音频、字幕等素材。这种将文章一键链接生成视频的功能，有助于创作者更加方便快捷地制作短视频。

在【一帧秒创】的首页中选择左侧列表中的【工具】|【更多工具】选项，单击页面中的【链接转视频】按钮，如图8-23所示。

图 8-23

进入【图文转视频】页面，选择【文章链接输入】选项卡，此时需要在输入框中输入文章链接，如图8-24所示。

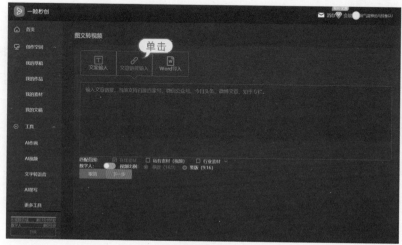

图 8-24

在浏览器中打开一篇网络文章，复制地址栏中的文章链接，如图8-25所示。

图 8-25

在输入框中粘贴文章链接，选中【竖版】单选按钮，然后单击【下一步】按钮，如图8-26所示。

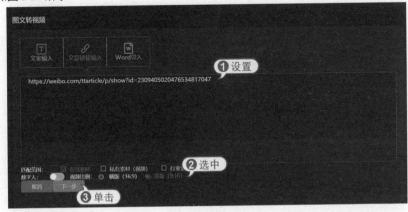

图 8-26

进入【编辑文稿】页面，AI自动识别文章中的关键词句并分段排列，单击【下一步】按钮，如图8-27所示。

图 8-27

进入编辑视频的页面，AI根据文案生成多段视频，用户可以编辑文字或更换视频，然后单击【生成视频】按钮，如图8-28所示。

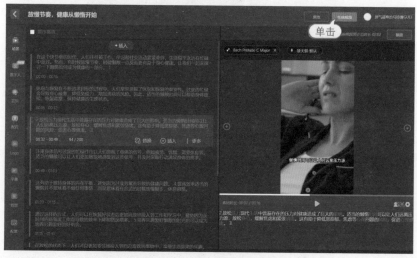

图 8-28

进入【生成视频】页面,设置标题和封面等选项,单击【生成视频】按钮,如图8-29所示。

图 8-29

跳转至【我的作品】页面,显示生成的视频文件缩略图,单击【下载视频】按钮可以将视频文件保存到本地电脑中,如图8-30所示。

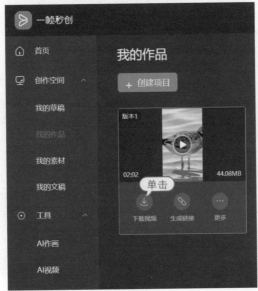

图 8-30

第 9 章

使用 Premiere AI 剪辑视频

    Adobe Premiere Pro 2023 是 Adobe 公司推出的优秀视频编辑软件，有很多非常实用的 AI 视频制作功能，可以帮助用户快速剪辑和处理短视频。本章将介绍运用 Premiere 的 AI 功能进行视频剪辑的方法。

9.1 使用"场景编辑检测"功能剪辑视频

在Premiere Pro 2023中,使用"场景编辑检测"功能可以自动检测视频场景并剪辑视频片段,帮助用户一键完成素材的编辑处理。

9.1.1 根据场景自动分段

Premiere可以自动检测上传视频中包含的多个场景,然后按场景自动剪辑视频片段。

扫一扫 看视频

01 启动 Premiere Pro 2023,系统自动弹出欢迎界面,单击【新建项目】按钮,如图9-1所示。

图 9-1

02 进入新建项目界面,修改项目名称和项目位置,单击【创建】按钮,即可创建一个项目,如图9-2所示。

图 9-2

03 在菜单栏中选择【文件】|【导入】命令,打开【导入】对话框,选择相应的视频素材,然后单击【打开】按钮,如图9-3所示。

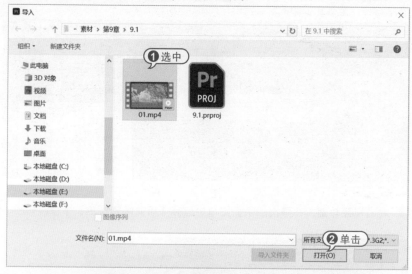

图 9-3

04 在【项目】面板中可以查看导入的素材文件缩略图,如图9-4所示。

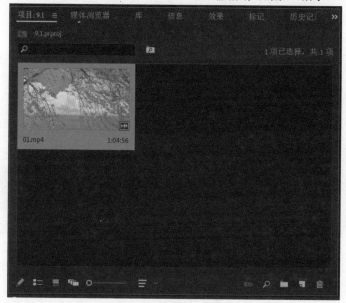

图 9-4

05 将素材拖曳至【时间轴】面板中，原视频自带背景音乐，可以先单击视频轨道右侧的 按钮锁住视频，然后右击下面的音轨，在弹出的快捷菜单中选择【波纹删除】命令，删除原视频的背景音乐，如图9-5所示。

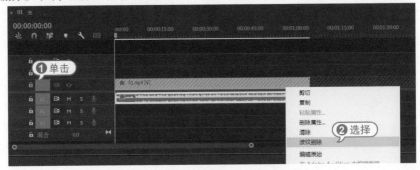

图 9-5

06 右击视频轨道，在弹出的快捷菜单中选择【场景编辑检测】命令，如图9-6所示。

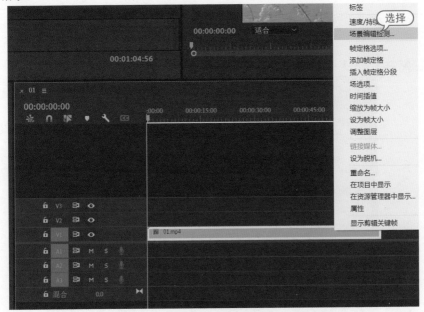

图 9-6

07 打开【场景编辑检测】对话框，选中【在每个检测到的剪切点应用剪切】复选框，单击【分析】按钮，如图9-7所示。

08 分析完成后，即可根据视频场景自动剪辑视频，将其分割成多个小片段，如图9-8所示。

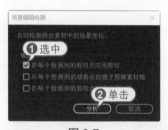

图 9-7

图 9-8

09 用户还可以将剪辑完成的视频自动生成素材箱，方便后续的视频处理。在【场景编辑检测】对话框选中【在每个检测到的剪切点应用剪切】和【从每个检测到的修剪点创建子剪辑素材箱】复选框，单击【分析】按钮，如图9-9所示。

10 此时，【项目】面板中会自动生成一个素材箱，用于存放剪辑后的视频片段，如图9-10所示。

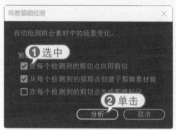

图 9-9

图 9-10

11 双击该素材箱，打开相应面板，即可查看多个视频片段的缩略图，如图9-11所示。

图 9-11

9.1.2　重新合成新视频

当Premiere Pro 2023按照检测到的视频场景进行自动分割后，用户可以重新调整这些素材的位置，然后将这些素材重新合成为一个视频片段，方便后续的编辑与处理。

扫一扫　看视频

01 沿用上一小节中的项目文件，双击打开素材箱，选择第1个素材片段，如图9-12所示。

图 9-12

02 按住鼠标左键并将选好的素材片段拖曳至【时间轴】面板，如图9-13所示。

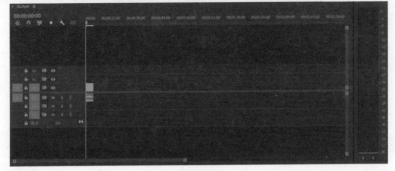

图 9-13

03 使用同样的操作方法，选择其他几个素材拖曳至【时间轴】面板的第1段素材后面，如图9-14所示。

图 9-14

04 选择【导出】选项卡，设置导出文件名、位置等选项，然后单击【导出】按钮即可导出重新合成的新视频，如图9-15所示。

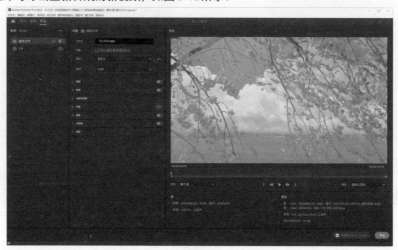

图 9-15

9.2 Premiere 的智能化功能

Premiere Pro 2023提供了许多智能化的功能，如自动调色功能、通过语音识别自动生成字幕等，可以帮助用户更快地完成视频素材的编辑，并得到理想的视频画面。

9.2.1 使用自动调色功能

使用 Premiere Pro 2023中的自动调色功能，可以一键完成视频的基础调色，还能在自动调色的基础上进一步调整参数，从而提高视频画面的美感。

首先在视频轨道上选中需要调色的视频素材，然后在菜单栏中选择【窗口】|【Lumetri颜色】命令，如图9-16所示。

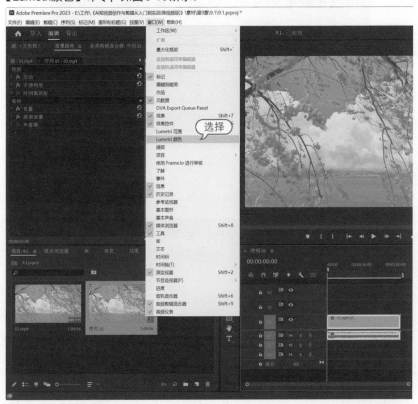

图 9-16

打开【Lumetri颜色】面板，在【基本校正】选项区域中单击【自动】按钮，面板中的各项调色参数会自动发生变化，即可完成视频的初步调色，如图9-17所示。

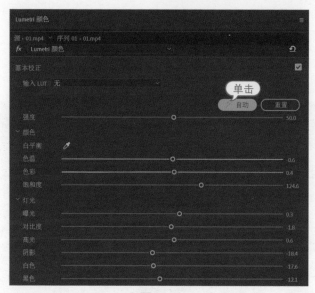

图 9-17

如果用户对画面色彩有自己的想法，还可以在自动调色的基础上手动进行调整，如在【基本校正】选项区域中设置【色温】参数为15、【色彩】参数为13、【饱和度】参数为150，使画面偏洋红色，画面色彩更加浓郁，如图9-18所示。

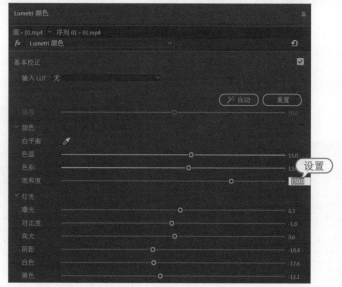

图 9-18

9.2.2 语音自动识别生成字幕

Premiere Pro 2023可以根据视频中的语音内容自动生成字幕文件，这样既节省了输入文字的时间，也提高了视频后期处理的效率。

首先打开一个项目文件，将视频素材拖曳至【时间轴】面板，如图9-19所示。

图 9-19

选中该素材，在界面的左上方展开【文本】面板，在【字幕】选项卡中单击【转录序列】按钮，如图9-20所示。

打开【创建转录文本】对话框，在其中设置【语言】为【简体中文】，单击【转录】按钮，如图9-21所示，即可自动识别并生成相应的转录文本。

图 9-20

图 9-21

在【转录文本】选项卡中，用户可以查看生成的文本内容，如果有需要修改的地方，可以在此进行修改，也可以在生成字幕后进行修改。这里以在生成字幕后进行修改为例，介绍具体的操作方法，在【转录文本】选项卡中单击【创建说明性字幕】按钮，如图9-22所示。

图 9-22

打开【创建字幕】对话框，设置【行数】为【单行】，单击【创建】按钮，如图9-23所示。

稍等片刻，即可在【时间轴】面板中生成对应的字幕，在【字幕】选项卡中可查看生成的字幕效果，如图9-24所示。

图 9-23

图 9-24

　　用户此时可以对字幕进行编辑处理。例如，要修改字幕中的文字，先选中其中一段字幕，双击出现文本框，输入文字，如图9-25所示。

图 9-25

　　这里同时选中四段字幕，打开【基本图形】面板的【编辑】选项卡，更改文字字体和颜色等，即可完成字幕的设置，如图9-26所示。

图 9-26

第 10 章

使用剪映 App 剪辑视频

　　当用户得到AI生成的视频后，还需要对其进行优化处理，让画面效果更加吸引观众，所以掌握视频素材的剪辑优化技巧是相当重要的。本章将介绍使用剪映App剪辑视频的操作方法，让用户打磨出更加优秀的视频。

10.1 基础剪辑处理技巧

短视频的编辑工作是一个不断完善和精细化原始素材的过程。剪映App提供多种工具，帮助用户完成剪辑视频的操作。

10.1.1 分割剪辑视频

当需要将视频中的某部分删除时，可以使用分割工具。此外，如果想调整一整段视频的播放顺序，同样需要先利用分割功能将其分割成多个片段，然后对播放顺序进行重新组合。

扫一扫　看视频

01 在剪映中导入一个视频素材，如图10-1所示。

02 确定起始位置为10秒处，点击【剪辑】按钮，如图10-2所示。

图 10-1　　　　　　　　　　　图 10-2

03 在打开的界面中点击【分割】按钮，如图10-3所示。

04 此时原来的1段视频变为2段视频，选中第1段视频，然后点击【删除】按钮将其删除，如图10-4所示。

图 10-3   图 10-4

05 调整时间轴至8秒处，点击【分割】按钮，如图10-5所示。

06 选中第2段视频，然后点击【删除】按钮将其删除，如图10-6所示。

图 10-5   图 10-6

07 最后仅剩8秒左右的视频片段，点击上方的【导出】按钮导出视频，如图10-7所示。

08 在剪映的素材库的【照片视频】|【视频】中可以找到导出的8秒视频，如图10-8所示。

图 10-7　　　　　　　　　　　图 10-8

10.1.2 变速处理视频

扫一扫　看视频

在制作短视频时，经常需要对素材片段进行一些变速处理，例如，当录制一些运动中的景物时，如果运动速度过快，那么通过肉眼是无法清楚观察到每一个细节的。此时可以使用"变速"功能降低画面中景物的运动速度，形成慢动作效果。而对于一些变化太缓慢，或者比较单调、乏味的画面，则可以通过"变速"功能适当提高速度，形成快动作效果。

剪映中提供了常规变速和曲线变速两种变速功能，使用户能够自由控制视频中的速度变化。

01 在剪映中导入一个视频素材，选中后点击【变速】按钮，如图10-9所示。

02 在打开的界面中点击【常规变速】按钮，如图10-10所示。

图 10-9 　　　　　　　　　　　　　　图 10-10

03 【常规变速】是对所选的视频进行统一调速，进入调速界面，拖动滑块至【2X】，表示2倍快动作，然后点击✓按钮确认，如图10-11所示。

04 如果选择【曲线变速】，则可以直接使用预设好的速度，为视频中的不同部分添加慢动作或者快动作效果。但大多数情况下，都需要使用【自定】选项，根据视频进行手动设置。返回上一步，点击【曲线变速】按钮，进入调速界面，点击【自定】按钮，变为红色后再次点击进入编辑界面，如图10-12所示。

图 10-11 　　　　　　　　　　　　　　图 10-12

05 曲线上的锚点可以上下左右拉动，在空白曲线上可以点击【添加点】按钮。向下拖动锚点，即可形成慢动作效果，如图10-13所示；适当向上移动锚点，即可形成快动作效果。选中并点击【删除点】按钮可以删除锚点，如图10-14所示。最后点击✓按钮确认并导出变速后的视频。

图 10-13　　　　　　　　　　　图 10-14

10.1.3　调节视频色调

　　调色是视频编辑中不可或缺的一项操作，画面颜色在一定程度上能决定作品的好坏。利用剪映的"调节"功能中的各种工具可以自定义各种色彩参数，也可以添加滤镜快速应用多种色彩。

扫一扫　看视频

　　"调节"功能的主要作用为调整画面的亮度和色彩，调节画面亮度时，不仅可以调节画面明暗度，还可以单独对画面中的亮部和暗部进行调整，使视频的影调更加细腻且有质感。"调节"功能主要包含【亮度】【对比度】【饱和度】【色温】等选项。

　　例如对于鲜花的调色，主要是为了让原本色彩偏素淡的花朵变得鲜艳夺目，调色后的画面色调偏暖色调，且更加清晰透亮。

01 在剪映中导入一个视频素材，点击【滤镜】按钮，如图10-15所示。

02 选择【风景】|【晚樱】滤镜，调整下方的滑块数值为80，点击✓按钮确认，如图10-16所示。

图 10-15

图 10-16

03 点击《按钮返回上一级菜单，如图 10-17 所示。

04 点击【新增调节】按钮，如图 10-18 所示。

图 10-17

图 10-18

05 在打开的界面中点击【亮度】按钮，调整下方滑块数值为5，如图 10-19 所示。

06 点击【对比度】按钮，调整下方滑块数值为10，如图 10-20 所示。

图 10-19

图 10-20

07 点击【饱和度】按钮，调整下方滑块数值为10，如图10-21所示。
08 点击【光感】按钮，调整下方滑块数值为-10，如图10-22所示。

图 10-21

图 10-22

09 点击【锐化】按钮，调整下方滑块数值为30，如图10-23所示。

10 点击【色温】按钮，调整下方滑块数值为-10，如图10-24所示。

图 10-23　　　　　　　　　　　　图 10-24

11 点击【色调】按钮，调整下方滑块数值为15，点击✓按钮确认，如图10-25所示。

12 显示添加了【橘光】和【调节1】轨道，调整两条轨道和视频轨道长度一致，并导出视频，如图10-26所示。

图 10-25　　　　　　　　　　　　图 10-26

13 将原视频和导出视频打开进行比较，前后效果如图10-27和图10-28所示。

图 10-27　　　　　　　　　　　　　　图 10-28

10.1.4　语音自动识别为字幕

剪映内置的"识别字幕"功能，可以对视频中的语音进行智能识别，然后自动转换为字幕。

01 在剪映中导入一个带语音的视频素材，不选中素材，点击【文字】按钮，如图10-29所示。

02 在打开的界面中点击【识别字幕】按钮，如图10-30所示。

扫一扫　看视频

图 10-29　　　　　　　　　　　　　　图 10-30

03 弹出提示框，点击【开始识别】按钮，如图10-31所示。

04 识别完成后，将在轨道区域中自动生成几段文字素材，如图10-32所示。

图 10-31

图 10-32

05 选中第1段文字素材，点击【批量编辑】按钮，如图 10-33 所示。

06 确认共4条字幕，然后点击第1条字幕，如图 10-34 所示。

图 10-33

图 10-34

07 在【字体】选项卡中选中【书法】|【挥墨体】字体，如图 10-35 所示。

08 在【样式】选项卡中设置描边、字号、透明度等参数，如图 10-36 所示。

图 10-35

图 10-36

09 在【动画】选项卡中选中【出场动画】|【向左滑动】，设置持续时长为1秒，点击✓按钮确认，如图10-37所示。

10 点击✓按钮，使4条字幕的字体和样式设置一致，如图10-38所示。

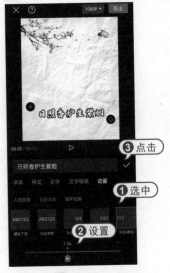

图 10-37

图 10-38

11 由于【动画】效果不能全体应用，需要一个一个加以编辑，可以分别选中后面的字幕，逐一添加上相同的【出场动画】|【向左滑动】动画效果，点击✓按钮确认，如图10-39和图10-40所示。

图 10-39　　　　　　　　　　　图 10-40

12 查看字幕都添加了动画效果后，点击【导出】按钮导出视频，如图10-41所示。

13 在手机相册中查看视频效果，如图10-42所示。

图 10-41　　　　　　　　　　　图 10-42

10.2　制作酷炫特效

　　剪映拥有非常丰富的特效工具，使用恰当的特效可以强调突出画面的重点和视频节奏。结合特效工具，用户便可以制作多个镜头之间的酷炫转场效果，让视频镜头之间衔接得更为流畅自然。

10.2.1　添加特效

　　在剪映中添加视频特效的方法非常简单，在创建剪辑项目并添加视频素材后，将时间轴定位至需要出现特效的时间点，在未选中素材的状态下，点击底部工具栏中的【特效】按钮，此时出现2个选项按钮，分别是【画面特效】和【人物特效】按钮，点击相应按钮，选择需要的特效即可。

扫一扫　看视频

01 在剪映中导入一个视频素材，不选中轨道，点击【特效】按钮，如图10-43所示。

02 在打开的界面中点击【画面特效】按钮，如图10-44所示。

图 10-43

图 10-44

03 在打开的界面中点击【氛围】|【星河】按钮，并点击【调整参数】文字，如图10-45所示。

04 设置【星河】特效的参数，设置完毕后点击✓按钮确认，如图10-46所示。

图 10-45

图 10-46

05 将【星河】特效轨道拉长至与视频轨道长度一致，如图10-47所示。

06 返回至第一级界面，点击【音频】按钮，如图10-48所示。

图 10-47

图 10-48

07 在打开的界面中点击【音效】按钮，如图10-49所示。

08 选择【魔法】|【仙尘】音效，点击【使用】按钮，如图10-50所示。

图 10-49

图 10-50

09 返回第一级界面，点击【导出】按钮导出视频，如图10-51所示。

10 在手机相册中打开视频，如图10-52所示。

图 10-51

图 10-52

10.2.2 使用视频转场

　　视频转场也称为视频过渡或视频切换,使用合适的转场可以改变视角,推进故事的进行,避免两个镜头之间产生突兀的跳动。在剪映中转场主要分为基础、运镜、幻灯片、遮罩等不同类型的转场效果。

　　在轨道区域中添加多个素材之后,通过点击素材中间的┃按钮,可以打开转场选项栏,如图10-53所示。在转场选项栏中,提供了【基础转场】【特效转场】【幻灯片】等不同类别的转场效果,添加方式和添加特效步骤相同,如图10-54所示。

图 10-53

图 10-54

　　其中的【运镜转场】类别中包含了推近、拉远、顺时针旋转、逆时针旋转等转场效果,这一类转场效果在切换过程中会产生回弹感和运动模糊等效果。

01 在剪映中同时导入3个视频素材,并设置每个视频时长为4秒,如图10-55所示。

02 点击第一个┃按钮,打开转场选项栏,选中【运镜转场】|【推近】效果,设置时长为1.5秒,然后点击左下角的【全局应用】按钮,最后点击✓按钮确认,如图10-56所示。

扫一扫　看视频

193

图 10-55　　　　　　　　　　图 10-56

03 此时所有片段之间都设置为同样的转场效果，如图10-57所示。

04 选中第2个片段，点击【动画】按钮，如图10-58所示。

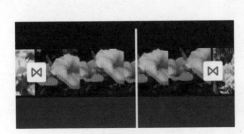

图 10-57　　　　　　　　　　图 10-58

提示:

　　剪映里包含【特效】【动画】【转场】功能，这三者都可以让画面看起来更具动感，但【动画】功能既不能像【特效】改变画面内容，也不能像【转场】那样衔接两个片段，它所实现的是所选视频片段出现及消失时的"动态"效果。在一些以非技巧性转场衔接的片段中，加入一定的【动画】效果，可以让视频看起来更生动。

05 点击【入场动画】按钮，如图10-59所示。

06 选中【渐显】效果，设置时长为2秒，然后点击✔按钮确认，如图10-60所示。

图 10-59

图 10-60

07 返回界面，第2段视频轨道前2秒有绿色遮盖表示【动画】效果，如图10-61所示。

08 导出视频后查看视频效果，如图10-62所示。

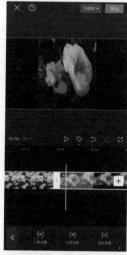

图 10-61

图 10-62

此外，转场的【特效转场】类别中包含了故障、放射、马赛克、动漫火焰、炫光等转场效果，这一类转场效果主要是通过火焰、光斑、射线等炫酷的视觉特效，来实现两个画面的切换。图10-63和图10-64所示为【特效转场】类别中的【色差故障】展示。

图 10-63

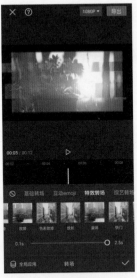

图 10-64

　　转场的【遮罩转场】类别中包含了圆形遮罩、星星、爱心、水墨、画笔擦除等转场效果，这一类转场效果主要是通过不同的图形遮罩来实现画面之间的切换。图10-65和图10-66所示为【遮罩转场】类别中【星星Ⅱ】效果的展示。

图 10-65

图 10-66

第 11 章

制作 AI 口播短视频

　　本章将用实际案例展示使用ChatGPT、腾讯智影和剪映专业版协同制作口播类短视频的操作方法，具体包括生成口播文案、生成数字人素材、进行AI字幕匹配、抠出数字人、制作片头片尾等相关内容。

11.1 制作 AI 文案和虚拟数字人

制作口播短视频，需要准备口播文案和虚拟数字人播报素材，使用ChatGPT和腾讯智影可以迅速生成这些素材。

11.1.1 使用 ChatGPT 生成口播文案

生成口播文案时，用户可以要求ChatGPT为旁白配上画面描述，以便剪辑时根据描述选择画面，降低剪辑的难度。

01 在ChatGPT中输入"你了解南京吗"，确认 ChatGPT对南京的了解程度。ChatGPT生成的回复如图 11-1 所示。

扫一扫 看视频

投诉建议

你了解南京吗?

 是的，我了解南京。南京是中国江苏省的省会，也是中国的历史文化名城之一。这座城市位于中国东部，长江下游的南岸，是长三角重要的城市之一。南京历史悠久，是中国四大古都之一，先后有十个朝代或政权在此建都，包括吴、东吴、东晋、宋、南唐、明、太平天国等。这座城市有许多历史遗迹和文化景观，如中山陵、明孝陵、紫金山、夫子庙、秦淮河等。

南京也是一个现代化的大都市，具有活跃的经济、文化和教育活动。这里是重要的工业基地和交通枢纽，拥有多所高等教育机构，包括著名的南京大学和东南大学等。

南京的气候属于亚热带季风气候，四季分明，炎热湿润的夏季和凉爽干燥的冬季。

透过历史与现代的融合，南京展示出其独特的魅力，吸引着来自世界各地的游客。

Q 网络搜索

联网搜索 ⬤ 仅当前对话 ⌄

图 11-1

02 在 ChatGPT中输入"以南京特色为主题，创作一篇短视频文案"，ChatGPT即可生成对应的文案内容，如图11-2所示。用户可以将文案复制并粘贴到文档中，进行修改和整理，方便后续的视频制作。

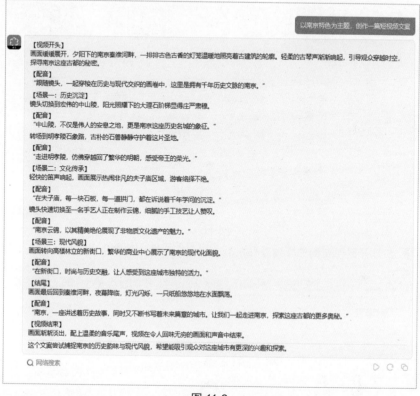

图 11-2

11.1.2 使用腾讯智影生成数字人素材

使用腾讯智影的数字人资源，用户可以轻松生成数字人口播素材。在生成素材时，用户可以对数字人的形象、配音、位置、大小、展现方式和视频背景等进行设置。

例如，用户可以将视频背景设置为绿色，制作绿幕素材，方便后续在剪映专业版中进行抠图处理。下面介绍运用腾讯智影生成数字人绿幕素材的具体操作方法。

扫一扫　看视频

01 打开腾讯智影首页，单击【数字人播报】按钮，如图11-3所示。

图 11-3

02 在打开页面左侧的【预置形象】选项卡下选择一款数字人形象，如图 11-4 所示。

图 11-4

03 在页面右侧【播报内容】选项卡下的文本框内输入或复制相应文案,由于内容过多,可单击下方的【缩写】按钮对内容进行缩写操作,如图11-5所示。稍等片刻,文案将缩写内容,如图11-6所示。选择【字幕样式】选项卡,设置字幕的样式、字体等选项,如图11-7所示。

图 11-5　　　　　　　　图 11-6　　　　　　　　图 11-7

04 在页面右侧【播报内容】选项卡下,单击【婉清1.0x】配音按钮,如图11-8所示。

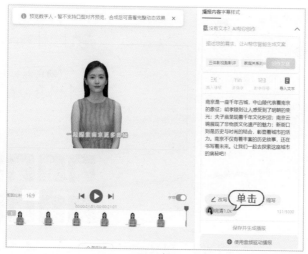

图 11-8

05 打开【选择音色】页面，选择一个配音音色，然后单击【确认】按钮，如图11-9所示。

图 11-9

06 单击中间数字人形象，打开【数字人编辑】选项卡，选择【服装】和【形状】选项，如图11-10所示。

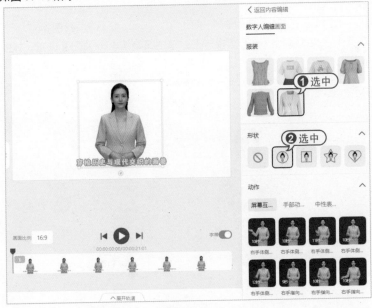

图 11-10

07 选择页面左侧【背景】标签，在【纯色背景】选项卡下选择一款绿色作为绿幕背景，再调整数字人大小和位置，设置完毕后，单击【合成视频】按钮，如图 11-11 所示。

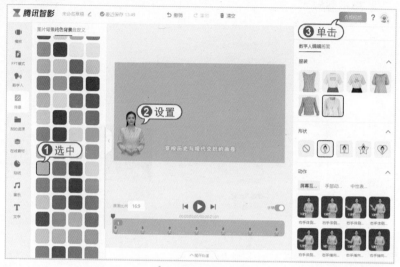

图 11-11

08 打开【合成设置】对话框，在【名称】文本框中输入文字，单击【确定】按钮，如图 11-12 所示。此时打开提示框显示功能消耗提示，单击【确定】按钮即可，如图 11-13 所示。

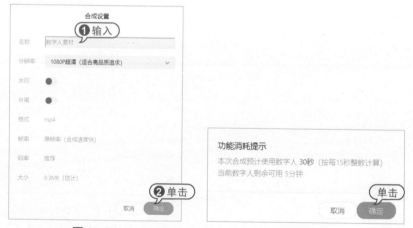

图 11-12   图 11-13

09 此时在【我的资源】页面中显示生成数字人素材视频的缩略图，用户可以单击【下载】按钮，将该素材下载到本地电脑中，如图 11-14 所示。

图 11-14

11.2 使用剪映专业版剪辑口播视频

使用剪映专业版的"图文成片"功能可以添加视频的背景素材,使用"色度抠图"功能可以抠除数字人素材中的绿色背景,再为其添加动画效果、滤镜、背景音乐等元素,即可合成一个美观实用的短视频。

11.2.1 使用"图文成片"功能生成背景素材

使用剪映专业版的"图文成片"功能,可以以文字生成视频,根据文字描述的视频内容,裁去配音、字幕等轨道,只保留背景视频作为素材。

01 打开剪映专业版,在首页中单击【图文成片】按钮,如图 11-15 所示。

扫一扫 看视频

图 11-15

02 进入【图文成片】界面,选择左侧的【自由编辑文案】选项,如图 11-16 所示。

图 11-16

03 进入【自由编辑文案】界面，将11.1.2小节缩写后的文案复制粘贴到文本框中，单击【生成视频】按钮，如图11-17所示。

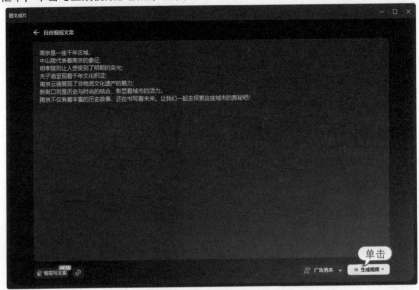

图 11-17

04 稍等片刻，即可进入剪映的视频剪辑界面，可以查看剪映自动生成的短视频以及音频、字幕等轨道，如图11-18所示。

图 11-18

05 仅保留视频轨道，选中其余轨道将其删除，然后单击【导出】按钮，如图 11-19 所示。

图 11-19

06 打开【导出】对话框，设置生成视频的保存路径和名称，然后单击【导出】按钮，开始导出视频，如图 11-20 所示。

图 11-20

11.2.2 抠图数字人

扫一扫　看视频

如果用户想将某个纯色背景中的人或物抠出来，可以使用"色度抠图"功能，一键抠除背景颜色，只留下需要的素材。用户在使用"色度抠图"功能抠出素材时，需要设置"强度"和"阴影"参数。

01 打开剪映专业版，在首页中单击【开始创作】按钮，如图 11-21 所示。

图 11-21

02 打开剪辑界面，单击【导入】按钮，如图 11-22 所示。

图 11-22

03 打开【请选择媒体资源】对话框，选择数字人素材，单击【打开】按钮，如图 11-23 所示。

图 11-23

04 在界面右侧切换至【抠像】选项卡，选中【色度抠图】复选框，单击【取色器】按钮，如图 11-24 所示。

图 11-24

05 在画面中的绿色位置单击进行取样，如图11-25所示。

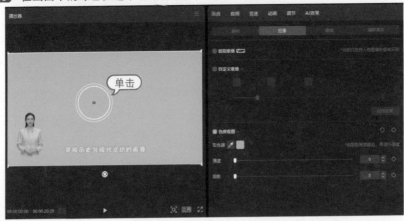

图 11-25

06 取样完成后，在【色度抠图】选项区域中，设置【强度】参数为10、【阴影】参数为10，抠除数字人素材中的绿色，使数字人和字幕保持显示，完成设置后单击【导出】按钮，如图11-26所示。

图 11-26

07 打开【导出】对话框，设置生成视频的保存路径和名称，然后单击【导出】按钮，开始导出视频，如图11-27所示。

图 11-27

11.2.3 剪辑完善视频

为了让视频效果更丰富、更匹配，用户需要将背景素材和数字人素材合成剪辑，并添加适合的片头片尾来完善视频。

01 打开剪映专业版，导入前面两节制作的视频素材，并调整其轨道至合适位置，如图11-28所示。

扫一扫 看视频

图 11-28

02 选择背景素材视频，将时间轴放置在开头，在界面中切换至【动画】操作区，在【入场】选项卡中选择【渐显】动画效果，并设置【动画时长】为1.0s，将其作为渐显的片头处理，如图11-29所示。

03 将时间轴放置在结尾，在【动画】操作区的【出场】选项卡中选择【渐隐】动画效果，并设置【动画时长】为1.0s，将其作为渐隐的片尾处理，如图11-30所示。

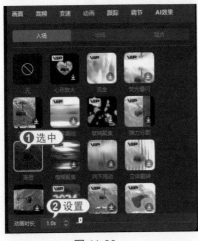

图 11-29

图 11-30

04 设置完毕后单击【导出】按钮，打开【导出】对话框，设置生成视频的保存路径和名称，然后单击【导出】按钮，如图11-31所示。

05 导出视频后，在保存视频的文件夹内打开视频查看效果，如图11-32所示。

图 11-31

图 11-32

第 12 章

制作 AI 广告短视频

本章将用实际案例展示使用ChatGPT、一帧秒创、剪映App协同制作广告短视频的操作方法，具体包括生成广告文案、AI生成视频、替换商品素材、制作片头片尾等相关内容。

12.1 使用 ChatGPT 生成文案

扫一扫 看视频

使用ChatGPT可以帮助用户生成有关商品的广告文案。

01 在ChatGPT中输入相关提问，如图12-1所示。

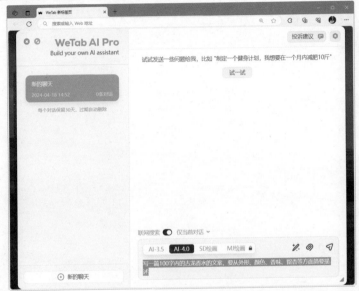

图 12-1

02 输入完成后按Enter键，ChatGPT即可生成对应的文案内容，如图12-2所示。用户可以将文案复制并粘贴到文档中进行修改和整理，方便后续的视频制作。

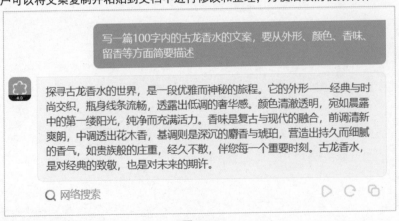

图 12-2

12.2 使用一帧秒创生成广告视频

扫一扫 看视频

　　使用一帧秒创的"文字转视频"等功能可以快速生成视频或者视频需要的相关素材，然后继续在一帧秒创中对视频进行剪辑等操作，完成一个广告视频的制作。

01 打开一帧秒创，在首页中单击【文字转视频】按钮，如图12-3所示。

图 12-3

02 进入【图文转视频】页面，在文本框中粘贴文案，将【视频比例】设置为【竖版】，然后单击【下一步】按钮，如图12-4所示。

图 12-4

03 进入【编辑文稿】页面，自动分段文案，然后单击【下一步】按钮，如图12-5所示。

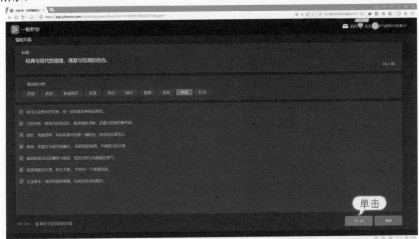

图 12-5

04 等待AI自动生成对应视频后，选择不适合的视频段落，然后单击【替换】按钮，如图12-6所示。

图 12-6

05 打开素材页面，单击右上角的【本地上传】按钮，如图12-7所示。

图 12-7

06 在弹出的【打开】对话框中选择适合的图片,单击【打开】按钮,如图12-8所示。

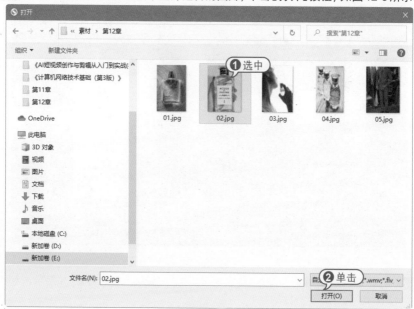

图 12-8

07 使用相同的方法,将不适合的视频片段都替换为相符的图片,如图12-9所示。

图 12-9

08 设置完毕后,单击页面右上角的【生成视频】按钮,如图12-10所示。

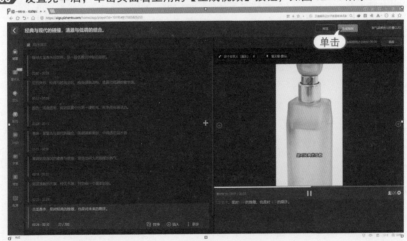

图 12-10

09 打开【生成视频】界面,输入标题文字,选择一张图片作为封面,然后单击【生成视频】按钮,如图12-11所示。

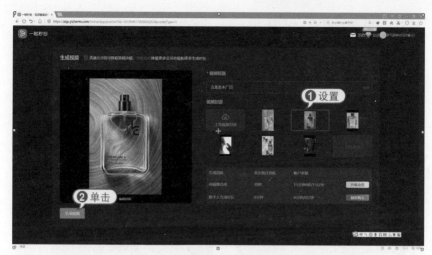

图 12-11

10 此时在【我的作品】页面中显示生成视频的缩略图，如图12-12所示，用户可以将该视频素材下载到本地电脑中。

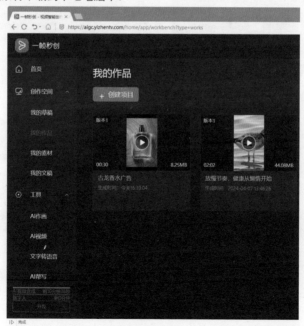

图 12-12

12.3　使用剪映 App 剪辑广告视频

使用剪映App中合适的特效可以强调突出画面的重点和视频节奏，添加片头片尾以丰富广告短视频的内容。

12.3.1　添加特效

沿用上一小节导出的竖屏视频素材，将其导入手机中，使用剪映App添加特效效果。

01　打开剪映App，在首页中点击【开始创作】按钮，如图12-13所示。

02　在【照片视频】界面中选择视频文件，点击【添加】按钮，如图12-14所示。

图 12-13

图 12-14

03　不选中素材，点击底部工具栏中的【特效】按钮，如图12-15所示。

04　点击【画面特效】按钮，如图12-16所示。

| 图 12-15 | 图 12-16 |

05 点击【氛围】|【星火炸开】按钮并点击【调整参数】文字，如图12-17所示。
06 设置【星火炸开】特效的参数，设置完毕后点击▼按钮确认，如图12-18所示。

| 图 12-17 | 图 12-18 |

07 将【星火炸开】特效轨道调整至视频轨道的合适位置，如图12-19所示。

08 返回至上一级界面，点击【画面特效】按钮，点击【基础】|【轻微放大】按钮并点击【调整参数】文字，如图12-20所示。

图 12-19　　　　　　　　　　　　　图 12-20

09 设置【轻微放大】特效的参数，设置完毕后点击☑️按钮确认，如图12-21所示。

10 将【轻微放大】特效轨道调整至视频轨道的合适位置，如图12-22所示。

图 12-21　　　　　　　　　　　　　图 12-22

12.3.2 添加片头片尾

沿用上一小节的视频素材,使用剪映App添加片头片尾。

01 继续沿用上一小节已添加特效的视频素材,在轨道区域里选中素材,点击【定格】按钮,如图12-23所示。

02 返回主界面,显示原视频开头前3秒自动分割出来形成一段新视频,点击【画中画】按钮,如图12-24所示。

图 12-23

图 12-24

03 在打开的界面中点击【新增画中画】按钮,如图12-25所示。

04 选择【素材库】选项卡,在【片头】选项区域内选中一款片头素材,点击【添加】按钮,如图12-26所示。

图 12-25　　　　　　　　　　图 12-26

05 在预览区域中调整片头素材大小(双指移动可实现放大或缩小),如图12-27所示。

06 将第1段视频和片头视频调整时长为2.5秒,如图12-28所示。

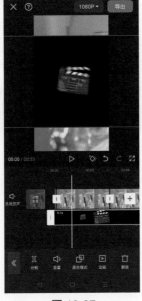

图 12-27　　　　　　　　　　图 12-28

07 在视频末尾处点击 + 按钮添加素材，如图12-29所示。

08 选中素材库里的【片尾】栏中的一个选项，然后点击【添加】按钮，如图12-30所示。

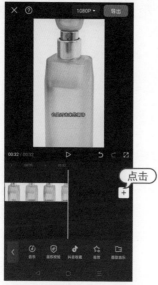

图 12-29

图 12-30

09 将片尾视频调整时长为2秒，如图12-31所示。

10 返回初始编辑界面，查看视频效果，然后点击【导出】按钮，如图12-32所示。

图 12-31

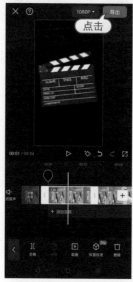

图 12-32

11 导出视频结束后，点击【完成】按钮，如图 12-33 所示。

12 在手机相册中播放视频，查看视频效果，如图 12-34 所示。

图 12-33

图 12-34